ABITUR-WISSEN ERDKUNDE

Büttner · Müller · Raab

Europa

STARK

Der Verlag hat sich bemüht, die Urheber der in diesem Werk abgedruckten Texte und Abbildungen ausfindig zu machen. Wo dies nicht gelungen ist, bitten wir diese, sich ggf. an den Verlag zu wenden.

ISBN-13: 978-3-89449-548-0
ISBN-10: 3-89449-548-0

D-85318 Freising · Postfach 1852 · Tel. (0 81 61) 1790
4. aktualisierte Auflage 2006

Inhalt

Fortsetzung siehe nächste Seite

Fortsetzung siehe nächste Seite

Vorwort

Liebe Schülerinnen und Schüler,

in **Europa** vollzieht sich ein tief greifender horizontaler und vertikaler Integrationsprozess. Die Zahl der Mitgliedsstaaten der **Europäischen Union** hat sich von ursprünglich sechs Gründungsmitgliedern 1955 auf 25 Staaten 2004 erhöht. 2007 wird mit dem Beitritt von Bulgarien und Rumänien die **EU-Osterweiterung** vorerst abgeschlossen. Auch wenn mit der deutschen Wiedervereinigung die ehemalige DDR und seit 2004 fast alle Staaten des Baltikums, Mittelost- und Südosteuropas in die EU integriert wurden, ist der **Transformationsprozess** bei Weitem noch nicht abgeschlossen. Zu tief greifend sind die Spuren, die kommunistische Plan- und Zwangswirtschaft in diesen Staaten hinterlassen haben.
Gleichzeitig zur **räumlichen Expansion** hat sich in Europa der **vertikale Integrationsprozess** verstärkt. Der Gemeinsame Binnenmarkt ermöglicht den ungehinderten Austausch von Gütern, Dienstleistungen, Produktionsfaktoren und Personen. Die Vertiefung der internationalen Kooperation und der Globalisierung verändert das Ausmaß regionaler Disparitäten und beschleunigt den Strukturwandel der Volkswirtschaften.
Der vorliegende Band aus der Reihe *Abitur-Wissen Erdkunde* stellt sowohl den **regionalen** und **sektoralen Strukturwandel** als auch die Herausbildung neuer Wachstumsregionen und stagnierender Altindustriegebiete sowie die wirtschaftliche Entwicklung peripherer Regionen innerhalb Europas dar.
Wir hoffen, Ihnen mit diesem Band einen Überblick über das **„Europa der Regionen“** mit einer vertieften Betrachtung Deutschlands geben zu können.
Weiter führende Literatur und ein Stichwortkatalog vereinfachen das selbstständige Wiederholen.
Wir wünschen Ihnen viel Erfolg bei der Arbeit mit diesem Buch!

W. Büttner H. G. Müller H.-D. Raab

Naturräumliche Gegebenheiten

1 Lage und Abgrenzung

Europa nimmt zwischen den großen Kontinenten der Nordhalbkugel – Nordamerika und Asien – sowie Afrika im Süden eine zentrale Lage ein, wenn auch die Distanz zu Amerika durch den dazwischen gelegenen Atlantik groß ist.

Die Lage Europas im Gradnetz

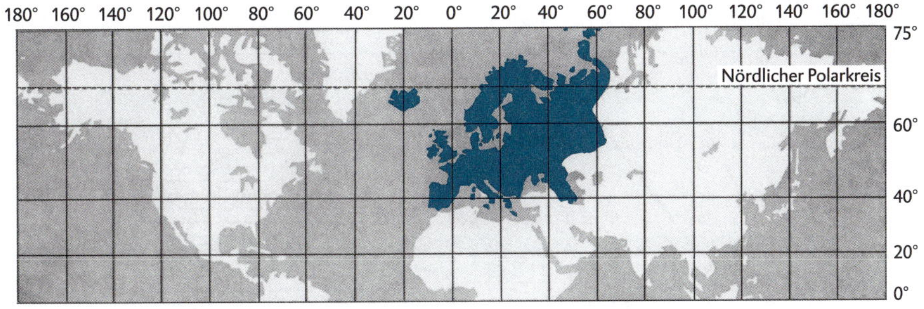

Die Abgrenzung Europas zum asiatischen Kontinent erweist sich als problematisch, denn Europa erscheint auf den ersten Blick als westliche Halbinsel von Asien. Deshalb wurde vor fast 200 Jahren für diesen Großkontinent der Begriff **Eurasien** geprägt, der die enge Verzahnung der beiden Räume verdeutlichen sollte. Europa wurde nur aufgrund seiner eigenständigen kulturellen und historischen Entwicklung als besonderer Teil gesehen.

Durch das Zugrundelegen unterschiedlicher Abgrenzungskriterien (z. B. Klima, Geotektonik, kulturelle oder politische Einflüsse) ergibt sich jeweils ein anderer Verlauf der Ostgrenze. Eine am häufigsten genannte **östliche Abgrenzung** Europas orientiert sich an geografischen Aspekten: sie verläuft über den Ural zum Nordufer des Kaspischen Meeres und entlang des Kaukasus zum Schwarzen Meer bis zur Ägäis. Allerdings ist der Ural bzw. der südlich sich anschließende Uralfluss keine entscheidende natürliche Grenze und vor allem keine kulturelle bzw. wirtschaftlich-politische innerhalb des heutigen Russlands.

Die West- und Nordgrenze Europas wird durch den Atlantik mit seinen Randmeeren Nordsee und Barentssee vorgegeben, Island wird unter natürlichen und kulturellen Aspekten zu Europa gezählt. Im Süden stellt das Mittelmeer die Abgrenzung zu Afrika dar. Nach diesen Festlegungen ergeben sich für Europa folgende geografische Daten:

- Fläche: 10,5 Mio. km² (zweitkleinster Kontinent)
- N-S-Erstreckung: 36° – 71°11' n. B. (Punta Marroqui bis Nordkap)
- W-O-Erstreckung: 9°30' w. L. – 66° ö. L. (Kap Roca bis Polarural)

2 Geologische Großstrukturen

Europa weist ein differenziertes geologisches Baumuster auf. Die nachfolgende Karte unterscheidet die Bauelemente nach erdgeschichtlichen Epochen.

Die geologischen Bauelemente Europas

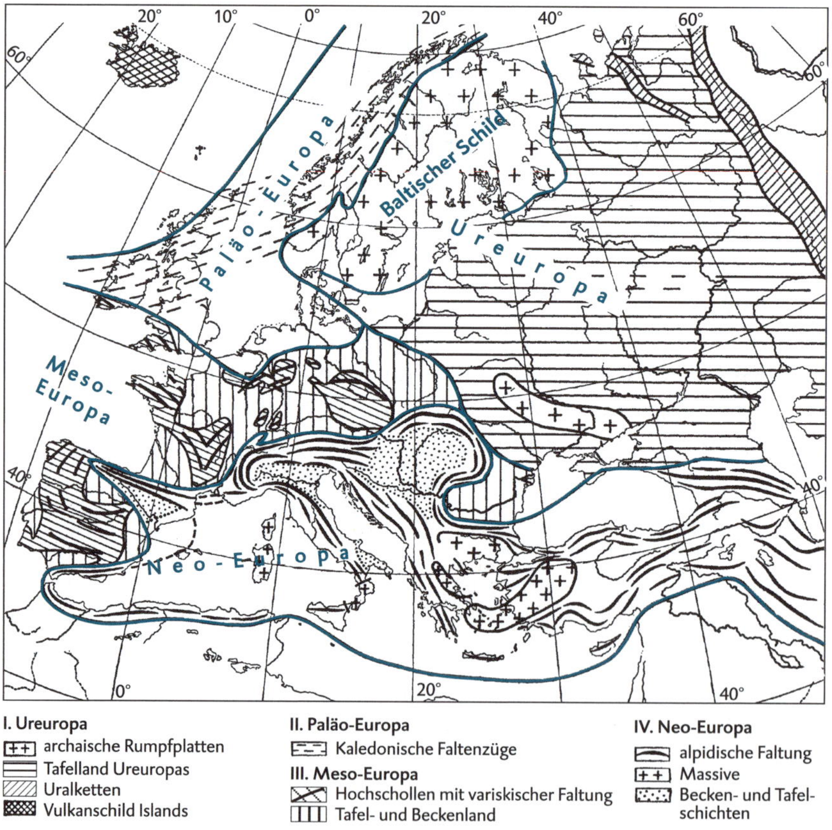

Der Entstehungsprozess der geologischen Strukturen wird heute als eine Abfolge von mehreren **Faltungszyklen** gesehen, bei denen es im Rahmen von Plattenkollisionen nach dem plattentektonischen Modell (Kontinent-/Kontinent- bzw. Ozean-/Kontinentkollision) zur Faltung von Sedimentmassen in Senkungszonen mit anschließender Hebung (Gebirgsbildung) kam. Jüngere Gebirge wie die Alpen liegen heute noch als Hochgebirge, ältere als Mittelgebirge (z. B. Bayerischer Wald, Zentralmassiv in Frankreich) vor. Im Folgenden werden Bildungsphasen, Prozesse und Bauteile zugeordnet.

Epoche/Alter vor heute	Prozesse	Hauptregionen
Neo-Europa um 90–20 Mio. Jahre v. h.	Alpidische Gebirgsbildung: durch Kollision der europäischen mit der afrikanischen Platte entstanden	junge Falten- bzw. Deckengebirge: Alpen, Karpaten, Balkangebirge, Pyrenäen, Dinarisches Gebirge, Apennin, Betische Kordilliere
Meso-Europa ab ca. 300 Mio. Jahre v. h.	Variskische Gebirgsbildung: durch Kollision mit dem laurentischen Urkontinent angefaltet	Armorikanisches Gebirge (z. B. Südengland, Bretagne, Zentralmassiv, außeralpines Mitteleuropa, spanische Meseta, kleine Teile Südeuropas)
Paläo-Europa ab 400 Mio. Jahre v. h.	Kaledonische Gebirgsbildung: Teile des laurentischen Urkontinents werden dem präkambrischen Kern Europas angefaltet	Norwegisches Gebirge, Schottisches und englisches Bergland, sowie z. T. Irland, größere Gebiete in Mitteleuropa unter Sedimentschichten
Ur-Europa älteste Gesteine auf der Halbinsel Kola um 3,5 Mrd. Jahre alt	Präkambrische Gebirgsbildungsphasen im europäischen Ur-Kraton aus Grundgebirge, letztmals vor 1,6 Mrd. Jahren gefaltet	Fennosarmatia: Halbinsel Kola, Podolische Masse, Baltischer Schild, Russische Tafel

Die **aktuellen geologischen Prozesse** spiegeln sich in **Erdbeben** (z. B. in Friaul bzw. Umbrien in Italien in den 60er bzw. 90er Jahren) und im **Vulkanismus** in Südeuropa und Island wider. Im Mittelmeergebiet ist die Relativbewegung von afrikanischer und europäischer Platte mit Subduktions[1] und Hebungsvorgängen offensichtlich noch nicht zur Ruhe gekommen. Island ist Teil des mittelatlantischen Rückens mit ständiger Krustenneubildung.

1 Unter *Subduktion* versteht man das Abgleiten einer geotektonischen Platte unter eine andere im Zuge einer Kollision, dabei wird die oben liegende Platte von Hebungs- und Faltungsprozessen erfasst.

Der Stratovulkan Stromboli (924 m) auf den Äolischen Inseln im Mittelmeer

Große Teile Europas wurden im Zuge der quartären **Eiszeiten** im Laufe der letzten 1 bis 2 Mio. Jahre stark überformt. Mindestens vier Eiszeiten, mit dazwischen geschalteten Warmzeiten, sind durch Gletscher der Alpen im Süden und mindestens drei im Norden Europas durch das skandinavische Inlandeis sicher nachgewiesen. Ihren typischen **Erosionsformen** (Kare, Trogtäler, Rundhöcker u. a.) stehen **Aufschüttungsformen** wie Grund- und Endmoränen mit anschließenden Sanderflächen bis hin zu den Urstromtälern Nordmitteleuropas, die die Schmelzwässer sammelten, gegenüber.

Der Eisschild Skandinaviens wies eine Mächtigkeit von fast 4 km auf. Diese nach dem Abschmelzen fehlende Last war der Auslöser für die bis heute andauernde langsame Hebung des Baltischen Schildes (maximale Landhebung in Zentralskandinavien seit Ende der letzten Eiszeit bis zu 250 m).

Während der Eiszeiten lag der Meeresspiegel über 100 m tiefer, da große Teile der globalen Wassermassen als Eis gebunden waren. Die europäische Schelfmeerzone war weitgehend trockengelegt (z. B. Nordsee, Teile des Golfs von Biskaya). In Nordeuropa mündeten Gletscher, in Mittel- und Südeuropa Flüsse sehr viel weiter außerhalb der heutigen Küsten in den Atlantik. Glaziale Trogtäler bzw. Flusstäler sind aufgrund des Meeresspiegelanstiegs infolge der Erwärmung nach der letzten Eiszeit „ertrunken“ und bilden heute in Norwegen die Fijorde bzw. in Spanien die Riasküste.

3 Relief

Die Oberflächenstruktur in Europa unterliegt einem stetigen räumlichen Wandel: Tiefländer wechseln mit Hoch- und Mittelgebirgen, Schichtstufenländern und Hochebenen ab, hinzu kommen Flusslandschaften und Küstentiefländer.

Die Oberflächenformen Europas

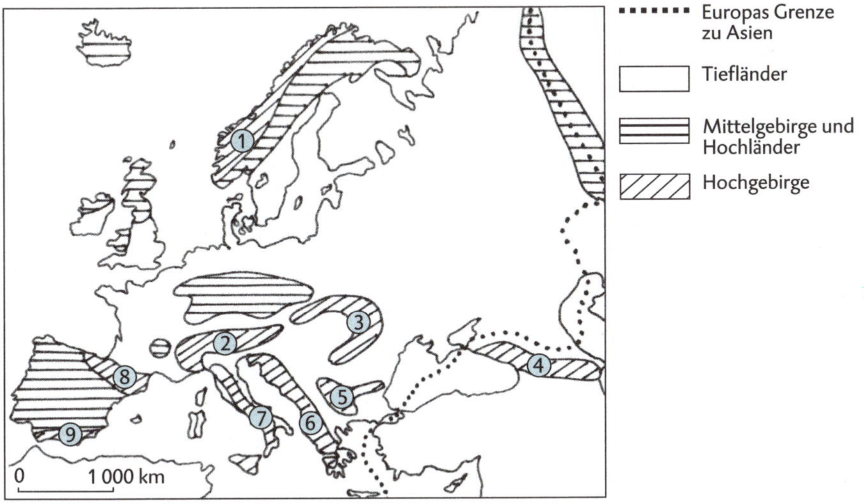

① Skanden
② Alpen
③ Karpaten
④ Kaukasus
⑤ Balkan/Rhodopen
⑥ Dinarisches Gebirge/Pindos
⑦ Apenninen
⑧ Pyrenäen
⑨ Betische Kordilliere

Das größte Landschaftselement stellt das in Westeuropa beginnende **Tiefland** dar, das sich über die norddeutsche Tiefebene bis in das osteuropäische Tiefland fortsetzt. Etwa zwei Drittel der europäischen Fläche sind Tiefland mit Landhöhen bis zu 200 m über Meeresspiegel. Dieser Raum besitzt allerdings keine Kontinent prägende Kraft, wie z. B. die nordamerikanischen Ebenen.

Die jungen **Hochgebirge** ziehen sich in Ketten in westöstlicher Richtung von den Pyrenäen über die Alpen bis zum Karpatenbogen hin. Sie stellen aber keine extremen Verkehrshindernisse dar, da sie über nordsüdlich verlaufende Pässe gut überquerbar sind. Zudem sind sie an der französischen Mittelmeerküste und in Niederösterreich bzw. der Slowakei von breiten Senken durchbrochen. Von dieser West-Ost-Linie verlaufen weitere Gebirgsketten in südöstlicher Richtung (Apennin, Dinarisches Gebirge, Balkan und Rhodopen).

Die Gebirge des Balkangebietes zeigen zusätzlich eine starke Kleinkammerung, was die Erschließung erschwerte.

Die älteren **Mittelgebirge** sind sehr unterschiedlich verteilt. Weite Teile Großbritanniens, die Iberische Halbinsel, Irland, Südfrankreich und der zentrale Teil Mitteleuropas von den Ardennen bis zu den Sudeten werden davon eingenommen. Das sehr alte, im Paläozoikum gebildete skandinavische Gebirge zeigt, abgesehen von der westlichen Steilflanke, mehr Hochebenencharakter. Ausgeprägte Schichtstufengebiete stellen z. B. das Pariser Becken und die süddeutsche Schichtstufenlandschaft dar. Eine eigenständige **Hochebene** bildet z. B. das zweigeteilte Hochland von Kastilien (Meseta). Weite **Ebenen** bzw. **Becken** bilden die italienische Poebene, das ungarische Tiefland und die Walachai. Archipelartig erscheint Griechenland und die ägäische Inselwelt.

Europa besitzt eine vielfältige **Küstenstruktur**. Die größten Halbinseln Europas sind die Skandinavische, Iberische und die des Balkans sowie des Apennins. Fast ein Drittel der Fläche Europas wird von Inseln und Halbinseln gebildet. Zusammen mit den vorgelagerten Britischen Inseln geben sie Europa einen reich gegliederten Küstenverlauf mit den Randmeeren Barentssee, Nordsee, dem Golf von Biscaya sowie den Binnenmeeren Weißes Meer, Ostsee und Schwarzes Meer. Das Mittelmeer öffnet den Kontinent tief in westöstlicher Richtung. Aufgrund der Meeresengen (z. B. Öresund, Gibraltar, Dardanellen) können die atlantischen Wassermassen kaum die der Binnenmeere und des Mittelmeeres beeinflussen, sodass sich dort eigene Wasserkreisläufe (z. B. Temperaturen, Salzgehalt, Vereisungsbedingungen) herausgebildet haben.

Steilklippen an der Nordwestküste Großbritanniens bei Dinas Head zwischen Fishguard und Newport

4 Klimatische Übersicht Europas

4.1 Grundlegende Einflüsse

Wie alle Großräume der Erde wird auch das Klima Europas maßgeblich durch die Lage innerhalb der planetarischen Zirkulation bestimmt. Aufgrund der globalen solaren Einstrahlungsverhältnisse und der daraus resultierenden durchschnittlichen Boden- und Höhendruckverhältnisse fließt kalte Polarluft am Boden von Norden äquatorwärts und aufsteigende warme Tropenluft in der Höhe polwärts. Wegen der Erdrotation wirkt die so genannte **Corioliskraft** auf der Nordhalbkugel auf alle Luftmassenbewegungen **rechtsablenkend**. Deshalb werden die äquatorwärts wehenden Winde zu Ostwinden und die polwärts wehenden Winde zu Westwinden umgelenkt.

Die erdumspannenden Druck- und Windgürtel sind das Ergebnis meridionaler und vertikaler Luftbewegungen infolge der vorherrschenden Einstrahlungsbedingungen: vom Äquator bis zum Pol kann die Atmosphäre in **drei vertikale Zirkulationszellen** gegliedert werden (siehe nachfolgende Abbildung). An ihren jeweiligen Rändern findet Luftmassenaustausch statt. Die mittlere dieser Zellen – die **Ferrelzelle** – nimmt in Europa breiten Raum ein. In ihr treffen aufgrund des Luftdruckunterschieds warme Luftmassen aus den subtropischen Hochdruckgebieten auf kühle Luftmassen aus der subpolaren Tiefdruckrinne. Zusammen mit der Corioliskraft entsteht dadurch die das Klima Europas bestimmende **Westwinddrift**, in der die entstandenen Tiefdruckgebiete (Zyklone) ostwärts wandern.

Die meridionalen und vertikalen Luftbewegungen auf der Nordhalbkugel im Winter

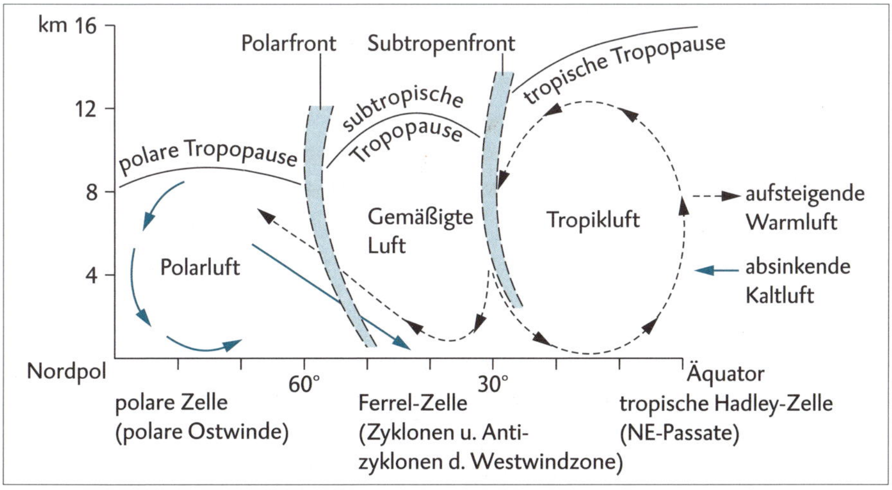

Infolge des jahreszeitlich wandernden Sonnenhöchststandes verschieben sich Luftdruck- und Windgürtel in Europa. **Im Sommer** gewinnt das **Azorenhoch** als Bestandteil des subtropischen Hochdruckgürtels an Bedeutung, da es sich nordwärts verlagert und zungenartig weit nach Osten bis Südrussland ausgreifen kann. Bei dieser Großwetterlage wird Europa von atlantischen Luftmassen abgeriegelt. **Trockene, warme subtropische Luftmassen** bestimmen dann – insbesondere im Mittelmeerraum – das Wetter. Reicht diese Hochdruckzone im östlichen Europa besonders weit nach Norden, entstehen im Mittelmeerraum häufig trockene ablandige Nordwinde. Die Westwindzone ist dann deutlich nach Nordeuropa verschoben.

Im Winter ist das Azorenhoch stark abgeschwächt, dafür ist **im Nordatlantik** eine **großräumige Tiefdruckzone** massiv ausgeprägt. Von dort wandern ständig Zyklone (Tiefdruckwirbel) im Zuge der Westwinddrift nach Europa und transportieren **feuchte maritime Luft** auf den Kontinent, wobei diese bis an den Nordrand Afrikas gelangt. Häufig sind die Luftmassen an den Vorderseiten der durchziehenden Zyklone wärmer als an deren Rückseite, die stärker unter Polareinfluss steht. Da in Europa höhere meridionale Gebirge fehlen, können die feuchten atlantischen Luftmassen weit in das Landesinnere nach Osten vordringen. Das Mittelmeer und das Schwarze Meer sowie die Ostsee bilden weite West-Ost-orientierte Öffnungen im europäischen Kontinent und unterstützen so das Vordringen der feuchten Luftmassen.

Entscheidenden Einfluss auf das Klima in Europa hat auch der aus dem Golf von Mexiko stammende **Golfstrom**. Seine Wassermassen führen dazu, dass die Küstengewässer Europas für ihre Breitenlage außergewöhnlich hohe Temperaturen besitzen. Infolge dessen weisen auch die nach Osten vordringenden Luftmassen eine hohe Luftfeuchtigkeit auf. Klar erkennbar wird der Einfluss des Golfstromes entlang der norwegischen Küste, die ihm ihre Eisfreiheit bis in den hohen Norden verdankt, während die Ostsee im Winter auf gleicher Breitenlage gefriert. Der Golfstrom trägt auch dazu bei, dass die jährlichen Temperaturunterschiede der Luft im Mittel weniger als 10 °C betragen, während sie auf gleicher Breite auf der asiatischen Seite Eurasiens bei 25–30 °C liegen. Gleiches zeigt ein Vergleich der Jahresdurchschnittstemperaturen bzw. der mittleren Januartemperaturen von amerikanischen und europäischen Stationen mit gleicher Breitenlage: z. B. New York (12,5 °C bzw. –1 °C) und Neapel (16,8 °C bzw. 9 °C).

Neben dem jahreszeitlichen Wechsel spielt in Europa der Gegensatz zwischen **maritim geprägter Westseite** und **kontinental bestimmter Ostseite** eine entscheidende Rolle. Starke Maritimität prägt einen schmalen Küstenbereich Norwegens. Ab etwa Kopenhagen verläuft über Hamburg, Frankfurt und

Basel zum westlichen Alpenrand der Grenzsaum zum **mitteleuropäischen Übergangsklima**. Dieses wiederum geht nördlich von Südschweden und etwa östlich des Baltikums und Polens bis zur rumänischen Schwarzmeerküste in ein ausgeprägtes Kontinentalklima über.

Die nach Osten zunehmende **Kontinentalität** äußert sich in einer höheren jährlichen Temperaturamplitude und sinkenden Jahresdurchschnittstemperaturen. Ursache dafür ist auch das im Winter über Zentralasien ausgeprägte Hochdruckgebiet, dessen sehr kalte und trockene Luftmassen insbesondere Osteuropa beeinflussen. Die Kontinentalität zeigt sich auch in der abnehmenden Niederschlagsmenge. Abgesehen von exponierten Lagen sinkt der Jahresniederschlag von ca. 800 mm an der französischen Nordwestküste bis auf 250 mm am Schwarzen Meer. Die sommerlichen, an Gewitter gebundene Konvektionsregen nehmen dafür nach Osten zu, der Einfluss der Westwinde nimmt ab.

Die **Hochgebirge** nehmen innerhalb Europas nur geringen Raum ein, und damit auch die Flächen mit dauernder Schneebedeckung. Die mittlere Schneegrenze sinkt von 3 400 m (Sierra Nevada) über 2 700 m (Alpen) auf 750 m in Nordskandinavien. Klimatische Sonderbedingungen schaffen die Gebirge insbesondere durch ihre **Luv-** und **Leelagen**: deutlich tritt dies an den Westflanken (Luv) der britischen Gebirge, der norwegischen Küstenregion, der Alpen und der Gebirge des Balkans auf. Entsprechend trocken fallen häufig deren leeseitige Regionen aus. Dies gilt besonders für die nördliche Hochebene der spanischen Meseta und den äußersten Südosten Spaniens („europäische Wüste"). Die etwa breitenkreisparallel verlaufende Barriere der europäischen Hochgebirge (Pyrenäen-Alpen-Karpaten) verschont Südeuropa im Wesentlichen vor ausgedehnten polaren bzw. sibirischen Kaltlufteinbrüchen mit katastrophalen Auswirkungen für Landwirtschaft und Infrastruktur.

4.2 Klimaregionen Europas

In Europa sind folgende **Klimatypen** vertreten: von etwa 40° bis 70° n. B. befindet sich Europa im westlichen Teil der Zone des feuchten **warmgemäßigten Klimas** (z. B. Britische Inseln, Frankreich, Mitteleuropa bis Südskandinavien) und der feuchtkühlen **Schneeklimate** (z. B. Westküste von Mittel- und Nordskandinavien). Der Bereich der Westwinde greift an der Westküste Europas weit bis nach Norden aus, verengt sich aber stark nach Osten auf den Bereich von 45° bis 62° n. B. (z. B. in Ostmitteleuropa von Tschechien bis zum Baltikum). Im Norden grenzt Europa an die Zone des **subpolaren Klimas**, die im Westen schmal ist, sich aber nach Osten stark verbreitert. Im Süden schließt sich die **subtropische Winterregenzone** an.

Diesen Klimatypen entsprechen bestimmte Großräume in Europa. Die jeweilige Lage im Gradnetz sowie die Höhenlage erfordern allerdings eine Differenzierung in so genannte Klimaregionen. Die folgende Karte gibt diese **Klimaregionen** wieder.

Klimaregionen Europas

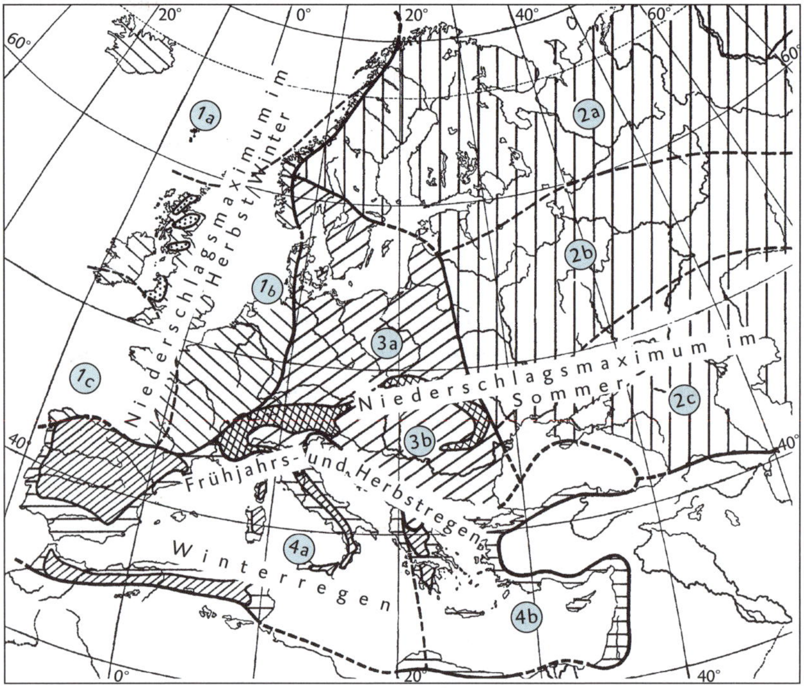

1 Maritimes westeuropäisches Klima
kühle Sommer, relativ milde Winter,
Abgrenzung nach Osten:
+1°-Januar-Isotherme und 18°-Jahresamplitude
a nordwestl. Abschnitt, reduziertes Julimittel unter 12 °C
b Mittelabschnitt, red. Januarmittel unter +5 °C
c Südabschnitt, extrem maritim, red. Januarmittel über +5 °C
Punktierte Flächen: Hochlandklima Westeuropas

2 Kontinentales ost- und nordeurop. Klima
Abgrenzung nach Westen: –5°-Januar-Isotherme und 25°-Jahresamplitude
a nördlicher Abschnitt, red. Julimittel unter 18 °C
b mittlerer Abschnitt, red. Julimittel unter 22 °C
c südl. Abschnitt, Steppenklima, red. Julimittel über 22 °C, trocken

3 Mitteleuropäisches Übergangsklima
a nördlicher Abschnitt, red. Julimittel unter 20 °C
b südlicher Abschnitt, red. Julimittel über 20 °C
Mit Kreuzraster ausgefüllte Flächen: mitteleuropäisches Gebirgsklima

4 Mittelmeerklima
Abgrenzung: +5°-Januar-Isotherme, trockene Sommer:
a westmediterraner Abschnitt
b ostmediterr. Abschnitt: Etesienklima i. e. S.
Enge Linienschraffur: Meseta- und mittelmeerisches Gebirgsklima

Die Klimaregionen zeigen im Einzelnen folgende Haupteigenschaften (vgl. zusätzlich die Klimastationen der folgenden Abbildung):

Region 1: Westeuropäische Region (Station Kristiansand)

- Deutlich maritimes Klima, jährliche Temperaturamplitude 10–15 °C, milde Winter und relativ kühle Sommer (Einfluss des Golfstromes);
- Jährliche Niederschläge über 750 mm sind an wandernde Zyklonen geknüpft, Niederschlag zu allen Jahreszeiten mit Herbst- bzw. Wintermaxima.

Region 2: Ost- und Nordeuropäische Region (Stationen Vaasa, Odessa)

- Ausgeprägt kontinentales Klima, jährliche Temperaturamplitude über 25 °C, kalte, von asiatischen Luftmassen bestimmte Winter, wärmere Sommer als in Westeuropa auf gleicher Breite;
- Vorwiegend sommerliche Konvektionsregen, meist unter 750 mm jährlich.

Region 3: Mitteleuropäische Region (Stationen Hannover, Steinamanger)

- Übergangsklima mit wechselnden Einflüssen (maritime Westwinde, östliche trockenkontinentale Luft, nördliche polare Kaltlufteinbrüche, südliche subtropische Luftmassen);
- Niederschlagsmaxima im Sommer oder Herbst.

Region 4: Mittelmeerregion (Station Athen)

- Winterregen und sommerliche Trockenheit (aride Phasen): im Winter Zyklonen der Westwinde, im Sommer Lage im Passatbereich;
- Am Nordrand dieser Region verbreitet Niederschlagsmaximum im Herbst und Frühjahr.

Sonderregionen:

- Hochlandklima Westeuropas: z. B. schottisches Hochland mit überdurchschnittlichem Niederschlag und niedrigeren Temperaturen innerhalb Westeuropas;
- Hochgebirgsklima Mitteleuropas: z. B. die Alpen mit überdurchschnittlich hohem Niederschlag und z. T. stark niedrigeren Temperaturen in Mitteleuropa, lange Schneebedeckung;
- Meseta- und Mittelmeerisches Gebirgsklima: geringere Temperaturen und im Fall der Meseta niedriger Niederschlag aufgrund der Leelage.

Aus dieser Übersicht folgt, dass – abgesehen von Einflüssen durch Hochgebirge – die Klimate in Europa eine **zonale Anordnung** aufweisen. Dies wird allerdings durch die nach Osten zunehmende **Kontinentalität azonal überprägt**.

Klimadiagramme europäischer Stationen

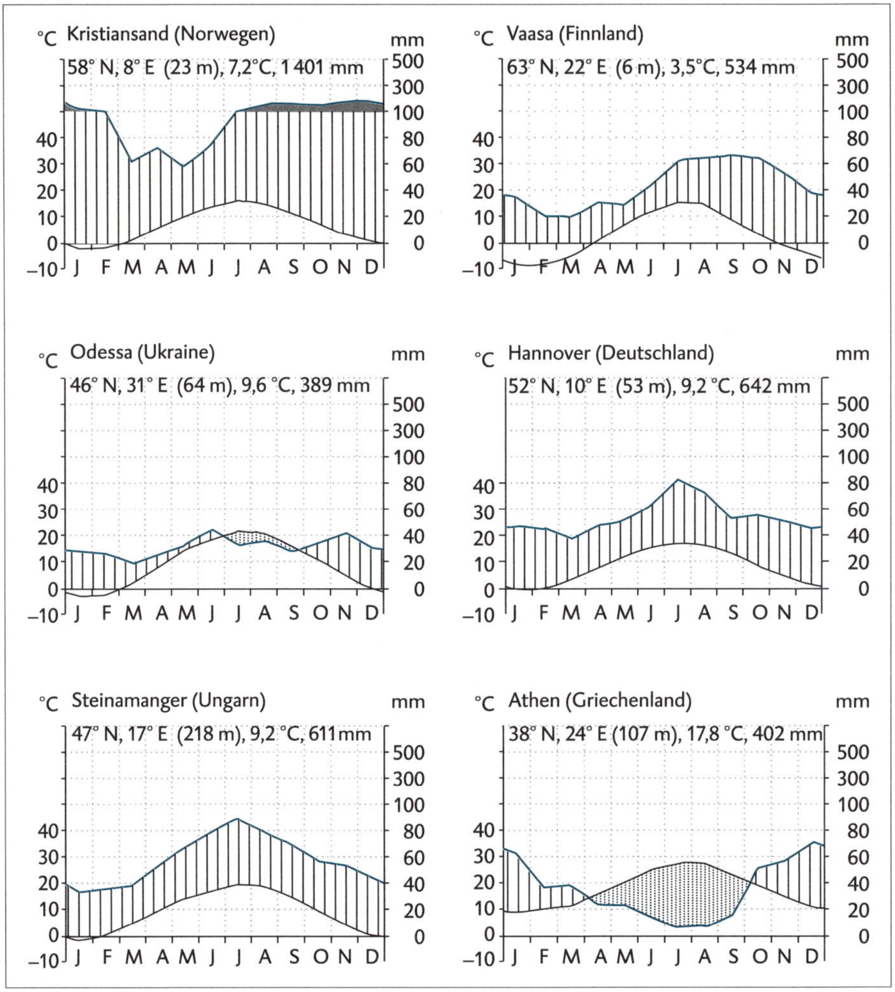

5 Vegetation

Das europäische Pflanzenkleid gliedert sich in fünf Gebiete, von denen die folgenden vier eindeutig **zonal** angeordnet sind:

- Im Süden die **Hartlaubvegetation** des mediterranen Raumes;
- In den mittleren Breiten das **sommergrüne Laub- und Mischwaldgebiet**;
- Im Norden der skandinavisch-nordosteuropäische **boreale Nadelwald**;
- Im hohen Norden die **Tundra**.

Als fünftes Gebiet schließt sich in den mittleren Breiten in Ungarn inselartig und ab Rumänien und Moldawien keilförmig nach Osten das Gebiet der **Steppenformationen** an.

Innerhalb dieser Zonen heben sich die Vegetationsgebiete der Gebirge ab. Die nachfolgende Karte unterteilt die Hauptgebiete nach dominierenden **Leitpflanzen** in **Unterregionen**.

Die natürliche Vegetation Europas

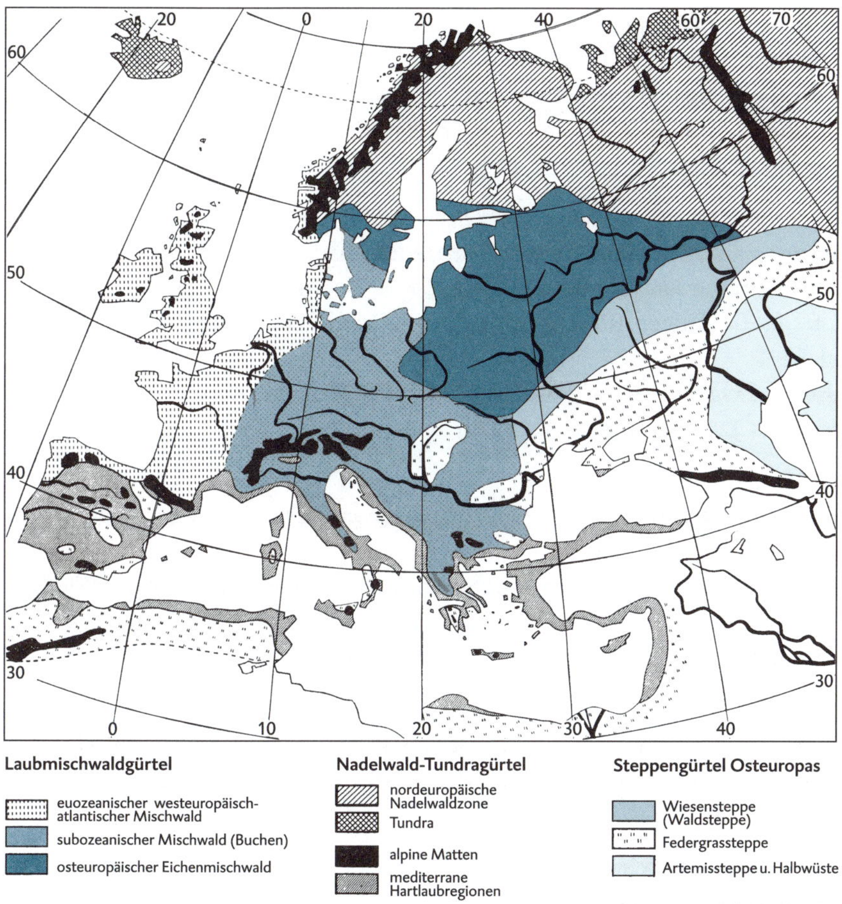

Die Hauptmerkmale der fünf Vegetationsgebiete sind:

Hartlaubvegetation des mediterranen Raums

- Immergrüne Pflanzenarten wie Stein- und Korkeiche, Ölbaum, Lorbeer (durchsetzt mit Nadelbäumen, z. B. Pinien), in höheren Lagen auch sommergrüne Laubvegetation;
- Lederartige, kleine Blätter um die sommerliche Verdunstung zu reduzieren; Ausbildung tief reichender Wurzeln und schützender Baumrinden;
- Klassische Waldformationen sind nur selten anzutreffen, da Jahrtausende währende agrarische Nutzung und Raubbau den ursprünglichen Hochwald degradiert haben, sodass heute oft nur noch die so genannte Macchie vorkommt, ein dorniger Buschwald aus immergrünen Sträuchern wie Ginster, Wacholder u. a. An anderen Stellen hat Felsheide (Garrigue) den Wald abgelöst.

Sommergrüner Laub- und Mischwald der mittleren Breiten

- Sommergrüne, im Herbst Laub abwerfende (Anpassung an die Winterkälte) hochstämmige Bäume und Sträucher: z. B. Buche, Eiche, Birke, Fichte und Kiefer (auf sandigen Böden) mit relativ hohem Feuchtigkeits- und Wärmebedarf;
- Echte „Urwälder" sind kaum noch anzutreffen, meist wurden sie durch Forste ersetzt bzw. in Kulturland umgewandelt.

Borealer Nadelwald

- Dominanter Nadelwald mit Kiefer, Fichte und Lärche (vereinzelt Birke), durchsetzt mit Sümpfen;
- Die Nadelbäume sind an die zunehmende Winterlänge und Schneemächtigkeit sowie dem daraus resultierenden Wärmemangel besser angepasst (am Nordrand Verlauf der nördlichen Waldgrenze).

Tundra

- Baumlose Kältesteppe mit winterfesten Pflanzen (Moose, Rentierflechte), vereinzelt Krüppelbäume (Verlauf der nördlichen Baumgrenze).

Steppen

- Dichter Gras- und Krautbewuchs;
- Gute Anpassung an kalte Winter und trockenheiße Sommer;
- Heute weitgehend durch „Kultursteppen" ersetzt (Getreideanbau).

In den **Gebirgen** wird mit zunehmender Höhe **die Wald- und Baumgrenze** erreicht, die in den Alpen zwischen 1 900 und 2 400 m liegen kann. Die höhergelegene alpine Grasvegetation (Matten) ist an die dort herrschenden Bedingungen (niedrige Temperaturen, hohe Niederschläge und hohe Windgeschwindigkeiten) gut angepasst.

Die aus den natürlichen Bedingungen resultierenden **zonalen Anbaugrenzen** und damit die Verbreitung wichtiger Kulturpflanzen sind in der nachfolgenden Karte wiedergegeben. Die nördliche Ausdehnung des Kulturpflanzenanbaus wird in Europa durch die abnehmende Vegetationszeit und den daraus resultierenden Wärmemangel (Wärmeschranke) begrenzt, nach Süden limitiert die sinkende Niederschlagsmenge (Trockenschranke) den Anbau.

Landbauzonen Europas

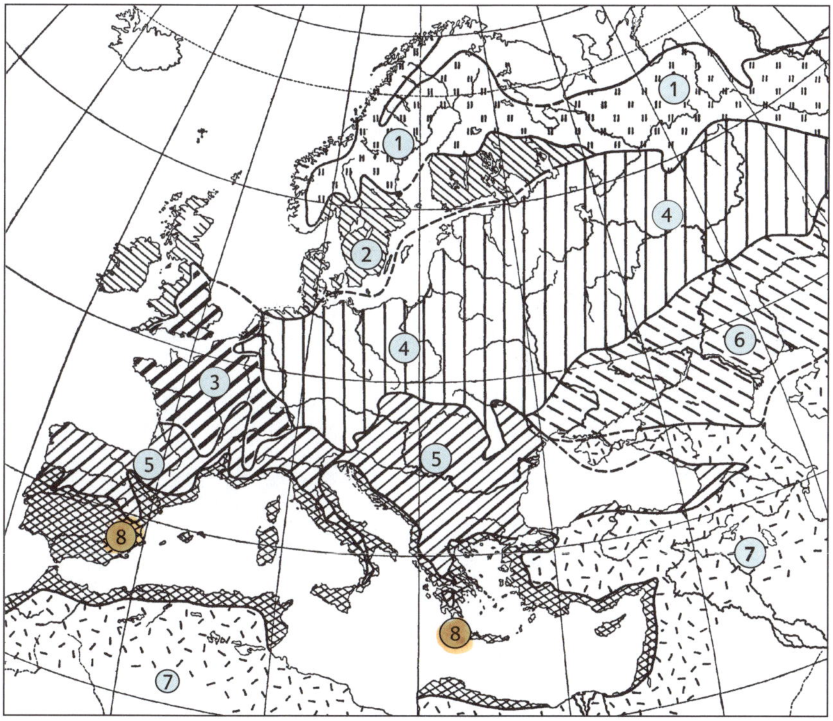

6 Die Böden Europas

Betrachtet man die weltweite Verteilung wichtiger Leitböden (dominanter Bodentyp[2] einer Region bzw. Zone) kann man für Europa eine **zonale Anordnung** erkennen, die sich an den Klima- und Vegetationszonen orientiert.

Die Großzonen lösen sich in viele kleinere Gebiete auf, in denen sich die regionale Vielfalt hinsichtlich Gesteinsuntergrund, Klima, Vegetation, Relief, Wasserangebot und anthropogener Bodenbearbeitung widerspiegelt. Im Folgenden werden die wichtigsten zonalen **Leitböden** beschrieben. Die Böden Europas zeichnen sich durch eine hohe regionale Streuung hinsichtlich Bodengüte und damit ihrer landwirtschaftlichen Nutzung aus.

In Nordskandinavien kommen häufig Gleye vor. Infolge der feuchtkalten Bedingungen bzw. des inselhaft vorkommenden Dauerfrostbodens sind diese Böden stark vernässt; geringe oder schwer zersetzbare Pflanzenreste liefern Rohhumus (Ah). Der hohe Grundwasserstand führt zum Abbau dreiwertiger Eisenverbindungen und erzeugt die typische blau-graue Färbung (Gr). Die Oxidation der Eisenverbindungen bei niedrigem Grundwasserstand führt zum typischen Go-Horizont. Gleye sind wenig fruchtbar und eignen sich nur zur Grünlandwirtschaft.

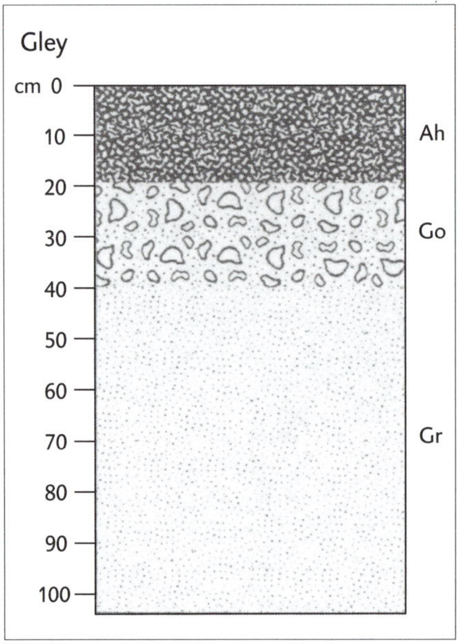

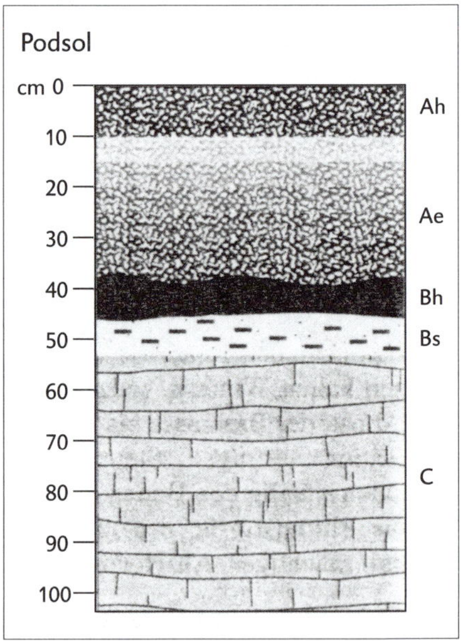

2 Unter *Bodentyp* versteht man Böden, die die gleiche Bodenhorizontabfolge aufweisen. Die *Bodenart* bezeichnet dagegen die Zusammensetzung eines Bodens nach Korngrößen.

Bis etwa 60. n. B. und südlich darüber hinaus in Schottland dominieren **Podsole** (Bleicherde) als typische Böden des feuchtkühlen Klimas und des borealen Nadelwalds. Weiter südlich treten sie z. B. in Gebirgen auf. Die schwer abbaubare Nadelstreu liefert reichlich Rohhumus für den A-Horizont. Sickerwasser transportiert Huminsäuren nach unten, Eisen-, Mangan- und Aluminiumverbindungen werden gelöst, ausgewaschen (Ae-Horizont) und reichern sich im Bs-Horizont an; es kann zur Bildung eines verhärteten Ortsteinhorizonts kommen. Dies führt zu Wasserstau und Wurzelbehinderung bei gleichzeitiger Nährstoffarmut (Tonmineralmangel). Intensive Kalkung und Humuszufuhr sind zur Fruchtbarkeitssteigerung nötig. Ackerbau ist kaum möglich. Podsole entwickeln sich auch im warmgemäßigten Klima auf Sandböden.

Braunerden und Parabraunerden sind Vertreter der feuchtgemäßigten Laubwaldgebiete. Sie können auf unterschiedlichem Ausgangsgestein entstehen. Unter einem humosen A-Horizont bildet sich in Folge von Eisenoxid- und -hydroxidbildung ein verbraunter Horizont (Bv). Guter Wasserhaushalt, gute Durchlüftung und mittlerer Nährstoffgehalt begünstigen die ackerbauliche Nutzung der Braunerde.

Braune mediterrane Böden (Terra fusca, z. T. auch rötliche Terra rossa) entwickeln sich auf kalk- und mergelhaltigem Ausgangsgestein. Der Kalk wird allmählich gelöst und abgeführt, auf dem tonhaltigen Rückstand kann sich zunächst ein sehr humusreicher Horizont (Ah) ausbilden, aus dem sich ein

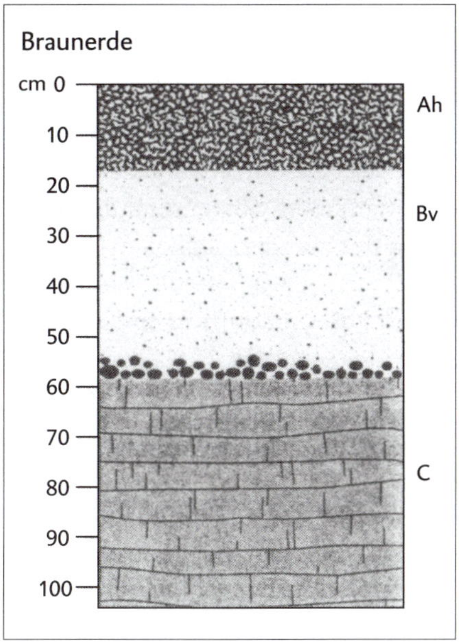

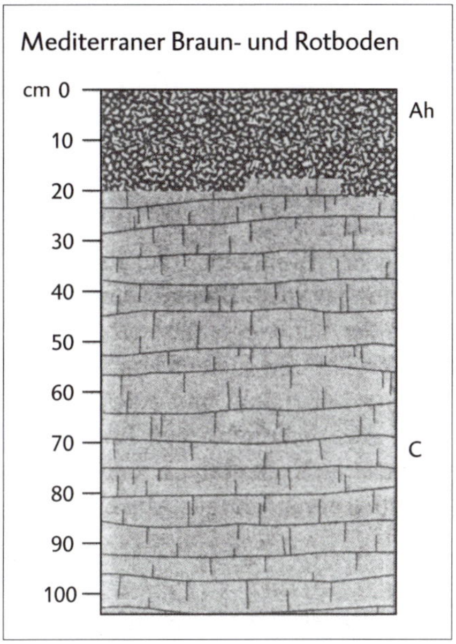

Kalkbraunlehm-Horizont (T, Bv) mit guter Fruchtbarkeit bilden kann. Im trockeneren Mittelmeerraum bildet sich unter einer geringeren Humusschicht ein rötlicher Horizont. Nachteilig für den Ackerbau ist sein hoher Steingehalt, seine Flachgründigkeit und Erosionsanfälligkeit.

Die Schwarzerde ist typisch für sommerwarmes und winterkaltes Steppenklima bei intensivem natürlichem Hochgrasbewuchs. Der jährliche Biomassennachschub ist unter natürlichen Bedingungen so groß, dass sich ein bis zu einem Meter mächtiger Humushorizont ausbildet, der sehr gut durchlüftet ist und eine hohe Wasserspeicherfähigkeit besitzt.

Die zahlreich vorhandenen Ton-Humus-Komplexe führen zu einer sehr hohen Fruchtbarkeit. Die relative Niederschlagsarmut verhindert die Auswaschung von Nährstoffen.

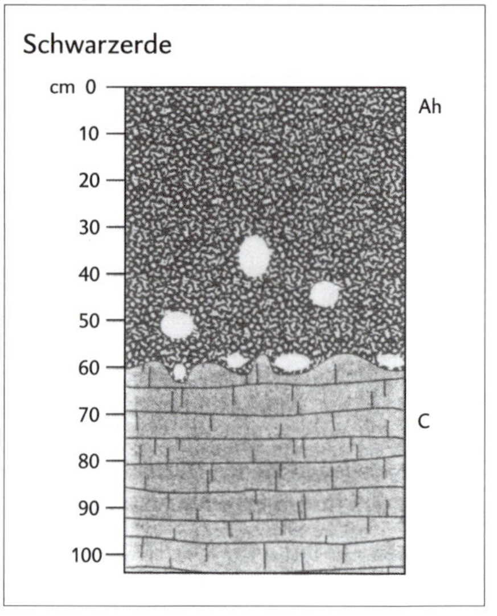

7 Ressourcen

Der Begriff **Ressource** deckt von den mineralischen Bodenschätzen über fossile Brennstoffe, Wasservorkommen bis hin zu regenerierbaren Rohstoffen und Energieträgern ein weites Spektrum ab. Der Ressource steht der Begriff **Reserve** gegenüber. Er umfasst die – zum momentanen Wissensstand – sicher zu beziffernde Menge eines Rohstoffs, die mit der zurzeit möglichen Technik genutzt werden kann.

Nachfolgend wird für den europäischen Raum die Ausstattung mit **natürlichen Rohstoffen** dargestellt.

Bei den **Energieträgern** ergibt sich dabei folgendes Bild (stets ohne Russland und die anderen europäischen Nachfolgestaaten der UdSSR):

- **Braunkohle:** Deutschland, Polen, Griechenland, Tschechien, Rumänien und Bulgarien hatten 2003 etwa einen Anteil von 48 % an der Weltförderung (Deutschland besitzt etwa 9 % der Weltreserven).
- **Steinkohle:** Bei rund 6,7 % der Weltreserven wurden in Europa (Polen, Deutschland, Großbritannien u. a.) 2001 etwa 4,9 % gefördert.

- **Erdöl:** Rund 7 % (2004) der Weltförderung stammen aus Europa (Norwegen, Großbritannien u. a.).
- **Erdgas:** Der Anteil Europas (Großbritannien, Niederlande, Norwegen, Deutschland u. a.) an der Weltförderung liegt bei rund 11,6 % (2004), bei einem Anteil von knapp 3 % an den Weltreserven.

Europas Anteil von ca. 16 % (2004) am Weltenergieverbrauch unterstreicht die hohe Bedeutung dieser Energieträger für Europa. Bei den metallischen Rohstoffen **Eisen** und **Stahlveredler** sowie den **Bunt**- und **Leichtmetallen** ergeben sich **vier** regionale **Schwerpunkte**: Skandinavien, Mittelosteuropa, der Balkan und die Iberische Halbinsel. Die jeweiligen Anteile an der Weltförderung liegen um 1–2 % und erreichen nur im Falle von Titan in Norwegen etwa 20 %. Bei der Förderung wichtiger metallischer Rohstoffe sind in Europa folgende Länder führend:

- Blei: Schweden, Polen
- Bauxit: Griechenland
- Chrom: Finnland, Albanien
- Eisenerz: Schweden
- Kupfer: Polen
- Nickel: Portugal, Finnland
- Silber: Polen, Schweden, Spanien
- Wolfram: Österreich
- Zink: Irland, Polen, Schweden, Spanien

Auffällig ist, dass insbesondere die großen europäischen Volkswirtschaften (z. B. Deutschland, Frankreich, Großbritannien, Italien) vom Ressourcen-Weltmarkt stark abhängig sind. Für alle europäischen Länder liegt der Rohstoffanteil am Geldwert des Gesamtimports bei etwa 10 bis 15 % und ist damit relativ hoch. Hinsichtlich seiner natürlichen Ausstattung mit metallischen Rohstoffen ist Europa eigentlich nicht benachteiligt. Viele Vorkommen sind heute jedoch ausgebeutet bzw. nicht mehr rentabel (z. B. zu geringer Eisengehalt der deutschen und lothringischen Eisenerzvorkommen).

Europa ist daher – abgesehen vom traditionellen Energieträger **Kohle** – nicht sehr gut mit Energierohstoffen ausgestattet. Bei der Steinkohle kommt hinzu, dass dieser traditionelle Rohstoff heute aufgrund günstigerer Lagerungsbedingungen in Übersee (z. B. Volksrepublik China) billiger importiert werden kann. Bei Braunkohle hat sich die Verwendung auf die Verfeuerung in Wärmekraftwerken reduziert.

Dagegen ist die Förderung von **Erdöl**- und -**gasvorkommen** im Schelfbereich der Nordsee seit den 70er Jahren sehr bedeutsam für Europas Volkswirtschaft. Norwegen und dem wirtschaftlich stagnierenden Großbritannien sowie den gesamten Nordseeanrainern boten sich auf diesen Wege neue Entwicklungsmöglichkeiten. Die Erdölkrisen der 70er Jahre ließen die Offshore-Gewinnung rentabel werden und die Erdöl/Erdgas verarbeitende Industrie, die Zulieferindustrien (z. B. Offshore-Equipment, Ausrüstungen) sowie die nachgeordneten Dienstleistungen gewannen stetig an Bedeutung.

Die Prosperität des skandinavischen Raums lässt sich z. T. auf die Rohstoffvielfalt Nordeuropas zurückführen. Vor allem die **Eisen**- und **Kupfererze** in Schweden und auch Finnland sind hier zu nennen. Schwedens hochprozentige Eisenerze (um 60 %) sind trotz Bedeutungsrückgang noch heute wichtig für den Export und die verarbeitende Industrie. Neben dem Erzreichtum bildete in Skandinavien die **Stromgewinnung aus Wasserkraft** schon vor den Erdöl- und Erdgasfunden die Basis der regionalen Industrie.

In Nordeuropa kommen zwei **nachwachsende Rohstoffe** hinzu, deren wirtschaftliche Bedeutung stetig zunimmt – Fisch und Holz. Schweden und Finnland erzeugten 2003 zusammen ca. 7 % der Weltproduktion an Industrieholz (Rundholz) und belegten damit Rang sechs und sieben in der Welt. Bei der Papierproduktion erreichten sie 1996 in umgekehrter Reihenfolge die gleichen Plätze.[3] Holzgewinnung und -verarbeitung stellen also in beiden Ländern einen bedeutenden wirtschaftlichen Faktor dar. Das Verhältnis des Anteil der Weltwaldfläche zum Anteil am globalen Rundholzeinschlag veranschaulicht die Bedeutung des „grünen Goldes“ für die jeweiligen Volkswirtschaften:

- Finnland: ca. 1: 5
- Schweden: ca. 1: 6,5

Zum Vergleich die Länder mit den größten Waldflächen:

- Brasilien: ca. 1: 0,4
- Kanada: ca. 1:1

Für Norwegen spielt **Fischfang und -verarbeitung** eine große Rolle. Norwegen ist europäischer Spitzenreiter, insbesondere bei der Hochseefischerei. Der hohe Sauerstoffgehalt der arktischen Kaltwassergebiete bedingt einen großen Reichtum an marinen Kleinlebewesen, die als natürliches Futterreservoir dienen. Anstelle der Küstenfischerei gewann in den Fijordbereichen die Lachs- und Forellenzucht stark an Bedeutung. Diese Aquakultur belastet allerdings die Gewässer durch Fischkot, Futter- sowie Medikamenten- und Chemikalienrückstände. Deren Anreicherung in der Nahrungskette und die nicht artgerechte Tierhaltung brachten diesen lukrativen Produktionszweig in Verruf.

3 nach Fischer Weltalmanach 2000

8 Deutschland als Teil des europäischen Naturraums

8.1 Geologie und Relief

Deutschland gliedert sich naturräumlich in das Norddeutsche Tiefland, die Mittelgebirgsschwelle Mittel- und Süddeutschlands sowie den Alpenraum samt Alpenvorland. Die Nordseeküste wird von Wattenmeer und Inseln gebildet, die Ostseeküste hat bis auf wenige Stellen Ausgleichsküstencharakter.

Das **Norddeutsche Tiefland** ist durch eiszeitliche Moränenzüge und sandige Ablagerungen gekennzeichnet, die von moorigen Gebieten durchzogen werden. Wichtige Sonderräume stellen die so genannten **Bördenzonen** mit fruchtbaren Lössböden dar, die sich vom Niederrhein nördlich entlang der Mittelgebirge nach Osten ziehen. Der Löss entstand während des Pleistozäns durch Auswehung von Feinmaterial aus Moränen und Schmelzwassersandflächen. Er besitzt einen hohen Ton- und Kalkanteil und verleiht dem Boden eine hohe natürliche Fruchtbarkeit. Bei den **Mittelgebirgen** kann man nach **Grundgebirgen mit kristallinem Gesteinsaufbau**, wie z. B. Harz, Rheinisches Schiefergebirge und Bayerischer Wald der so genannten variskischen Gebirgsbildungsphase (400 bis 230 Mio. Jahre vor heute) und **Deckgebirgen mit Sedimentgesteinen**, wie z. B. das süddeutsche Schichtgebirge aus Trias- und Juraablagerungen des Erdmittelalters (230 bis 135 Mio. Jahre vor heute) unterscheiden. Das Hochgebirge der **Alpen** und das vorgelagerte **Alpenvorland** wurden stark von glazialer Erosion bzw. Ablagerung geformt. In den nördlichen Kalkalpen werden die größten Landhöhen erreicht (Zugspitze 2 963 m). Die europäische Wasserscheide verläuft vom südlichen Schwarzwald über die Schwäbische Alb und die Frankenhöhe nach Nordosten zum Fichtelgebirge und biegt im Bayerischen Wald nach Südosten um.

8.2 Klima

Aufgrund seiner zentralen Lage in Europa befindet sich Deutschland in einem klassischen **klimatischen Übergangsraum**. Im Nordwesten herrscht maritimes, relativ mildes und kühl gemäßigtes Klima mit einer geringen Jahresamplitude der Temperatur und relativ hohen Niederschlägen vor. Nach Osten und Südosten nehmen die Niederschläge infolge zunehmender Kontinentalität ab, entsprechend steigt die Jahresamplitude der Temperatur aufgrund der zunehmend extremen Winter- und Sommertemperaturen. Die höchsten Jahresdurchschnittstemperaturen werden im Südwesten im Oberrheintal (10,3 °C in Freiburg) und am Bodensee erreicht.

Wichtige klimatische Unterschiede bringen auch die **Luv-Lee-Effekte** an den Gebirgen hervor. So ist z. B. die Westseite des Harzes ein Gebiet mit sehr hohem Niederschlag (Brocken: 1 678 mm), während die östlich gelegene Magdeburger Börde nur sehr geringe Niederschläge aufweist (unter 500 mm).

Die Alpen weisen aufgrund ihrer Höhenlage die niedrigsten Temperaturen auf (Zugspitze: –4,7 °C im Jahresdurchschnitt). Die Höhenlage sowie die ausgeprägte Exposition zu den Westwinden verursachen im Alpenraum auch die höchsten Niederschläge Deutschlands (Zugspitze: 1 946 mm). Eine Besonderheit stellt der **Föhn** dar. Er ist ein Fallwind, der von einem Hochdruckgebiet auf der Südseite der Alpen über deren Kamm nach Norden weht und beim Absinken auf der Nordseite infolge der Hang abwärts zunehmenden Erwärmung zu Wolkenauflösung und Schönwetter mit guten Sichtverhältnissen führt.

8.3 Bodenausstattung

In Deutschland ist der Bodentyp **Braunerde** am häufigsten vertreten. Die Verteilung der Bodentypen weist jedoch eine hohe Vielfalt und räumliche Variabilität auf. Sie wird stark von regionalen hydrologischen, klimatischen, geologischen Faktoren und Reliefeigenschaften geprägt.

Im Flachland der **Küstenzone** herrschen in Folge von Staunässe, aber auch wechselnden Wasserständen **Marsch-, Flussaue- und Moorböden** vor, in den **Moränenlandschaften** Nord- und Süddeutschlands überwiegen **Sand-, Moor- und Lehmböden**. Die Lehmböden bedingen Staunässe und somit oft gleyartige Bodentypen. **Lössböden** dominieren in den **Börden** Nord- und Mitteldeutschlands sowie in den Gauflächen und Beckenzonen Süddeutschlands. In **trockenen Gebieten** tritt auf Löss häufig der Bodentyp **Schwarzerde** auf (z. B. Thüringen, Sachsen-Anhalt). Er weist wegen seines hohen Humusgehaltes unter den Böden Deutschlands die höchste Fruchtbarkeit und Ertragsfähigkeit auf. Auf dem Verwitterungsmaterial der Mittelgebirge hingegen sind verschiedene geringwertige Braunerdetypen anzutreffen, die wenig Nährstoffe und einen unausgeglichenen Wasserhaushalt besitzen. Ist das Ausgangsmaterial sehr **sandig** (z. B. auf eiszeitlichen Ablagerungen oder Sandstein) kommen saure **Podsolböden** vor. Die Durchlässigkeit des Sandes bedingt eine starke Auswaschung der Nährstoffe und führt in Verbindung mit Rohhumus zu einem hohen Säuregehalt. Folglich findet man diesen Bodentyp vor allem in Norddeutschland unter Nadelbaum- und Heidevegetation bzw. bei höheren Niederschlägen in den Hochlagen der Mittelgebirge und in den Alpen.

Sozioökonomische Raumstrukturen

1 Regionale Unterschiede und ihre Bestimmungsmethoden

Die Entwicklung der Raumstrukturen in Europa setzte mit dem Prozess der Industrialisierung ein. Die revolutionären Innovationen in der Industrieproduktion (Dampfmaschine, mechanische Spinn- und Webmaschine, Drehbank) und im Verkehrswesen (Kanal, Eisenbahn, Auto) haben dazu geführt, dass manche Regionen sich besonders schnell entwickelt haben, während andere bis heute im Stadium einer Agrargesellschaft verharren. Der Übergang von der Industriegesellschaft zur postindustriellen Dienstleistungsgesellschaft, der in den 70er Jahren einsetzte, hat diese Differenzierung in **Wachstums-** bzw. **Aktivräume** und **Schrumpfungs-** bzw. **Passivräume** trotz der Entwicklungschancen einer standortunabhängigen Informationstechnologie noch verstärkt.

Die Erweiterung der Europäischen Gemeinschaft von sechs über neun, 12, 15 auf 25 bzw. 2007 wohl 27 Mitglieder hat sowohl die Bevölkerungszahl als auch die Wirtschaftskraft deutlich erhöht. Im Jahr 2005 lebten in Europa rund 730 Mio. Menschen (11 % der Weltbevölkerung), in der EU 455 Millionen (gut 7 % der Weltbevölkerung), die jedoch ca. ein Drittel des Welt-Bruttosozialproduktes erwirtschaften.

Mit der Integration vergrößerten sich die Unterschiede im Durchschnittseinkommen. Bei den sechs EWG-Staaten (EWG-6: Benelux-Länder, Frankreich, Italien, Deutschland) betrug das Verhältnis zwischen dem Staat mit dem niedrigsten und dem Staat mit dem höchsten BSP pro Kopf noch 1:2, nach der Norderweiterung (EG-9, 1973: Irland, Großbritannien, Dänemark) 1:3, nach der Süderweiterung (EG-12: Griechenland 1981, Portugal, Spanien, 1986) 1:6. Der Beitritt Österreichs, Schwedens und Finnlands 1995 hat keine Verschlechterung gebracht. Die Aufnahme der 10 neuen Mitglieder, die von der Wirtschaftskraft her gesehen sehr heterogen sind, am 1. Mai 2004 hat dieses Verhältnis geringfügig auf 1:5,5 verbessert, dank der etwas besseren Entwicklung in Tschechien, Zypern, Slowenien und Malta. Wenn allerdings 2007[4] Bulgarien und Rumänien Aufnahme finden, dann wird sich das Verhältnis (nach gegenwärtigem Stand) auf 1:8 verschlechtern.

Methodik zur Bestimmung regionaler Entwicklungsdisparitäten

Zur Ermittlung von Unterschieden im Entwicklungsstand verschiedener Länder oder Regionen werden vor allem das Bruttosozialprodukt (BSP) und das Bruttoinlandsprodukt (BIP) herangezogen. Da Wechselkursschwankungen die Aussagen verfälschen können, verwendet man **Kaufkraftparitäten (KKP)**, mit deren Hilfe Wirtschafts- und Sozialindikatoren in eine gemeinsame „Währung" – **Kaufkraftstandards (KKS)**[5] – umgerechnet werden, um so die Wirtschaftskraft und die Lebensqualität besser vergleichen zu können. Der Warenkorb enthält Güter und Dienstleistungen, welche die regionalen Verbrauchsgewohnheiten widerspiegeln. Die Einstufung der Regionen kann sich ändern, wenn statt des BIP-Wertes in Euro derjenige in KKS dargestellt wird.

In der internationalen Statistik werden z. B. folgende Daten verwendet:

- Das Bruttoinlandsprodukt (BIP) umfasst in der volkswirtschaftlichen Gesamtrechnung alle Leistungen, die in einem Jahr innerhalb der Landesgrenzen durch Inländer oder Ausländer erbracht werden;
- Das Bruttosozialprodukt (BSP) bezeichnet den Geldwert aller Güter, und Dienstleistungen, die von einer Volkswirtschaft in einem Jahr produziert werden und die entweder verbraucht, investiert oder gegen ausländische Erzeugnisse eingetauscht werden;
- Das Volkseinkommen (VE) errechnet sich aus dem BSP abzüglich der indirekten Steuern und den Abschreibungen und zuzüglich der Subventionen.
- Anteil der in der Landwirtschaft beschäftigten Erwerbstätigen;
- Arbeitslosenquote.

4 Rumänien und Bulgarien sollten gemeinsam mit den anderen osteuropäischen Staaten 2004 der EU beitreten. Neben dem wirtschaftlichen Rückstand war vor allem die Korruption in der öffentlichen Verwaltung und im Justizwesen der Grund für die Beitrittsverschiebung. Seit September 2006 ist vorgesehen, beide Länder 2007 in die EU aufzunehmen. Weitere Beitrittskandidaten sind die Türkei, Kroatien und Mazedonien.

5 KKS werden aus regionalspezifischen Warenkörben errechnet, um damit Wechselkursschwankungen der verschiedenen Währungen auszuschließen und bessere Vergleichsmöglichkeiten für die Beurteilung der persönlichen Einkommen zu haben.

Die Verteilung des Bruttoinlandsproduktes in der EU der 25

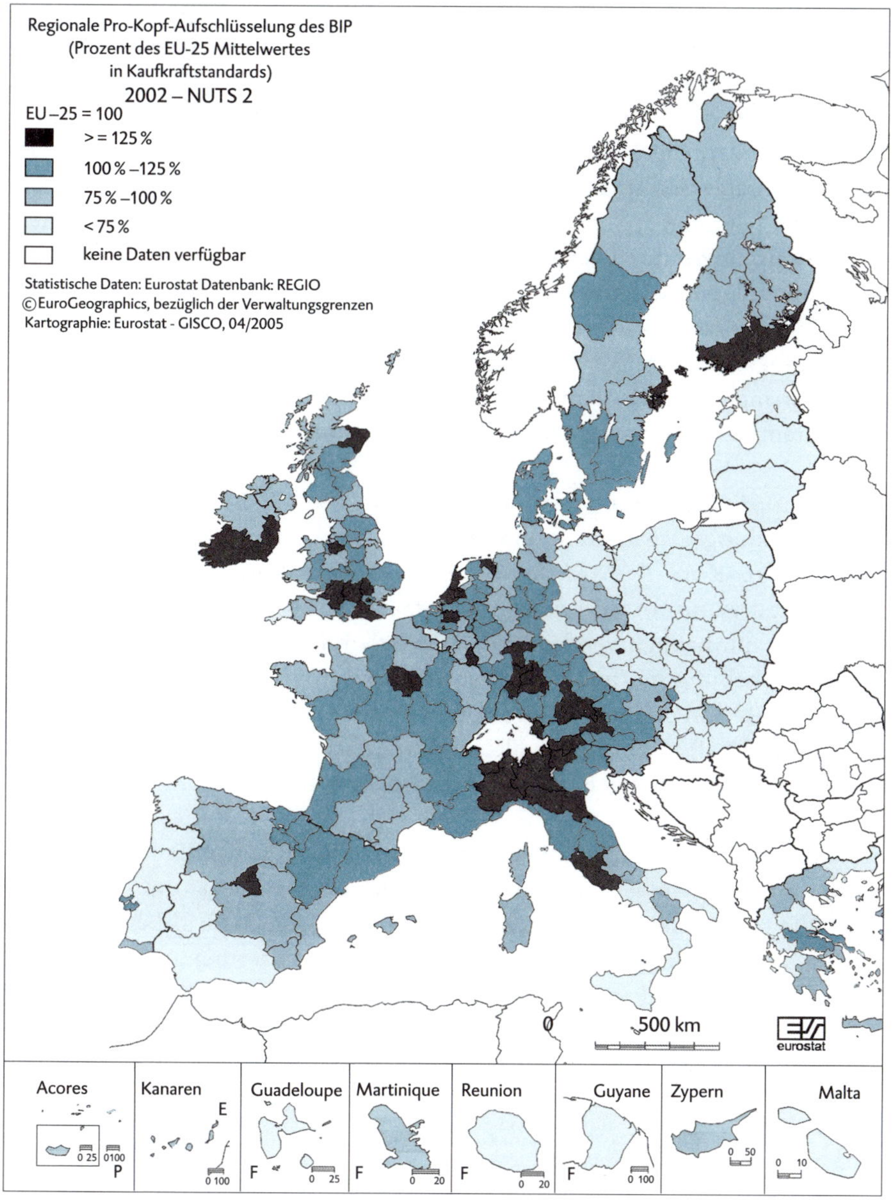

An der Beschränkung auf diese Globalzahlen wird häufig Kritik geäußert, auch wenn zugestanden wird, dass BSP und BIP die einzigen Werte sind, die von nahezu allen Ländern erhoben werden. Zu den **Nachteilen** des Kriteriums **BSP** gehört z. B. die Tatsache, dass nur Tätigkeiten, die Umsätze verursachen, in die Berechnung eingehen (z. B. werden Hausarbeit oder eine ehrenamtliche Tätigkeit nur dann berücksichtigt, wenn sie Kosten verursachen). Damit ist das BSP nur umsatz- und nicht wertorientiert. Die **Nachteile** des Kriteriums **BIP** lassen sich wie folgt zusammenfassen: Das Pro-Kopf-BIP darf nicht mit dem verfügbaren Einkommen verwechselt werden, da sich das BIP auf die Produktion bezieht. Hohe Werte bedeuten nicht, dass die Menschen in einer Region wohlhabender sind als in einer anderen. Pendler können das BIP der Region, in der sie arbeiten, ansteigen lassen und gleichzeitig in der Region, in der sie leben, verringern. Außerdem kann ein hoher Anteil von Nichterwerbstätigen (Studenten, Rentnern) zu einer Senkung des regionalen Pro-Kopf-BIP führen.[6]

In der Europäischen Union werden als Grundlage für die Bestimmung regionaler Entwicklungsdisparitäten und für die Abgrenzung von Fördergebieten meist das **Pro-Kopf-Bruttoinlandsprodukt (BIP)** zu Kaufkraftparitäten und die **Arbeitslosenquote** verwendet. Innerhalb der EU waren bis 1995 statistische Daten nur bedingt vergleichbar, da in jedem Land unterschiedliche Kriterien und Erhebungsmethoden angewandt wurden. Seit diesem Zeitpunkt gelten gleiche Regeln und im Februar 2000 veröffentlichte Eurostat (das Statistische Amt der EU) erstmalig Vergleichswerte nach dem neuen „Europäischen System Volkswirtschaftlicher Gesamtrechnungen (ESVG95)".

Außerdem wurden regionale Bezugseinheiten, die so genannten **NUTS** (Nomenclature des Unités Territoriales Statistiques) festgelegt, um Vergleichsmaßstäbe für die Bewilligung von Mitteln aus EU-Fonds zu haben. Dennoch bleiben systembedingte Schwächen, denn die Orientierung an bestehenden Verwaltungsgrenzen kann die tatsächlichen räumlichen Verflechtungen nicht immer aufzeigen, zudem sind die einzelnen NUTS-Regionen höchst unterschiedlich zugeschnitten.

6 Eurostat Pressemitteilung Nr. 18 vom 3. 2. 2000, Statistisches Amt der Europäischen Gemeinschaft

BIP je Einwohner (in KKS) 2002, NUTS-Ebene 2, in % des EU-25-Durchschnitts (EU-25 = 100 %)

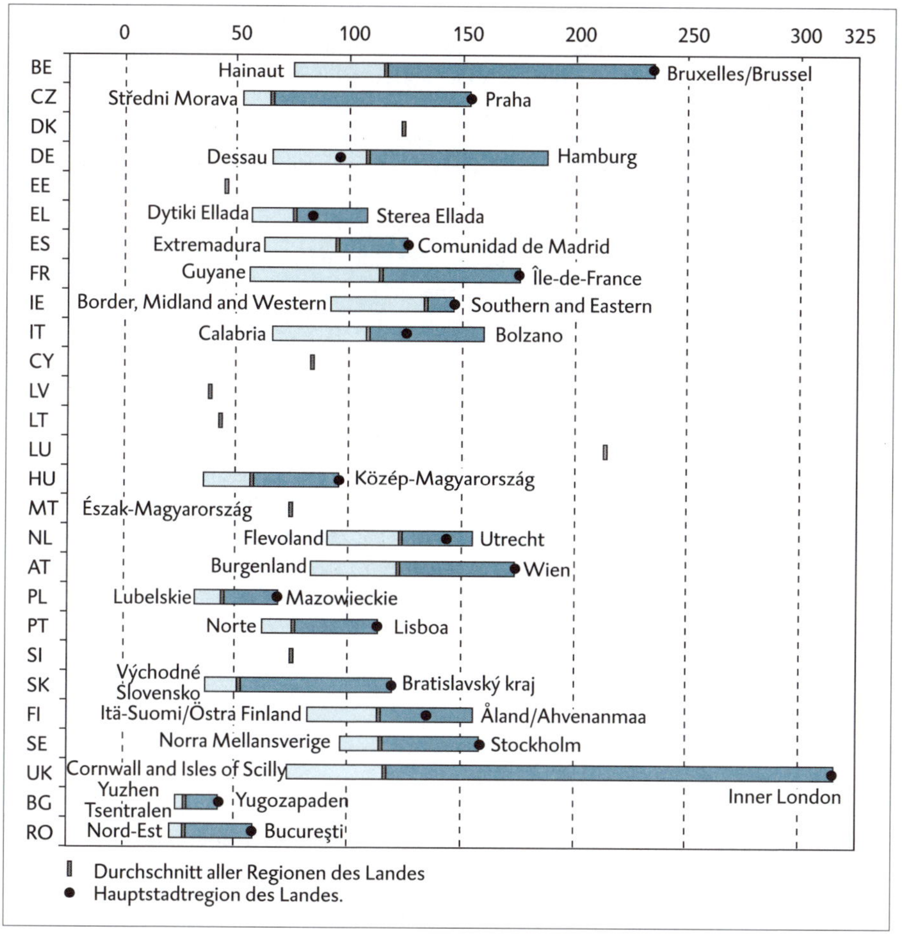

Exkurs: Der räumliche Bezug statistischer Daten

Die von Eurostat aufgestellte Systematik von Gebietseinheiten, NUTS, unterteilt jeden Mitgliedsstaat in immer kleiner werdende administrative Einheiten:

- *NUTS 1-Regionen:* die größeren Bundesländer in Deutschland, ZEAT in Frankreich oder die Regionen in Belgien
- *NUTS 2-Regionen:* die Regionen in Frankreich, die Comunidades autónomas in Spanien, die Regionen in Italien, die Bezirke sowie die kleineren Bundesländer (Bremen, Hamburg, Saarland, Schleswig-Holstein, Berlin, Brandenburg, Mecklenburg-Vorpommern, Thüringen) in Deutschland und die Provincies in den Niederlanden
- *NUTS 3-Regionen:* die Landkreise und kreisfreien Städte in Deutschland, Départements in Frankreich, Nomoi in Griechenland, Maakunnat in Finnland und Län in Schweden

Trotz der Bemühungen um eine Vereinheitlichung bleiben große Unterschiede bestehen, wodurch die Vergleichbarkeit europaweit erhobener Daten relativiert wird:

Diskrepanzen auf der NUTS 2-Ebene:

Kleinste Region:	30 km^2	Einwohnerschwächste Region:	87 000 Einw.
Größte Region:	94 200 km^2	Einwohnerstärkste Region:	10,3 Mio. Einw.

Die vorige Abbildung erlaubt einen Überblick über die sozioökonomischen Disparitäten in Europa (Grundlage sind Erhebungen seit 1995 bezogen auf die NUTS 2- und NUTS 3-Regionen). Bei den BIP-Pro-Kopf-Werten werden die Diskrepanzen sehr deutlich. Mit dieser Methode lassen sich Aktiv- und Passivräume gut abgrenzen.

2 Die Verteilung der Aktiv- und Passivräume

Die **Aktiv-** oder **Wachstumsräume** konzentrieren sich überwiegend auf die **Metropolen** und ihr unmittelbares Umland, angeführt von Inner London, gefolgt von Hamburg, Luxemburg, Brüssel, Wien, Île-de-France, Greater London, Bremen und Hessen. Von dem nun fast 50 Jahre andauernden Integrationsprozess in Europa haben besonders zwei **Verdichtungszonen** profitiert. Die **ältere** und bedeutendere erstreckt sich von den englischen Midlands und Süd-England über die Randstad Holland, das wirtschaftliche Herz der Niederlande, entlang der Rheinachse bis nach Norditalien. Innerhalb dieses als **„Blaue Banane"** bezeichneten Bandes wirtschaftlicher Dynamik dominieren, neben den bereits genannten Agglomerationen, der Rhein-Main-Raum mit Frankfurt und Darmstadt, der Rhein-Neckar-Raum mit Stuttgart, der Raum Oberbayern mit München, die Achse Basel-Zürich sowie die alten Industriestädte Norditaliens mit Mailand als führendem Standort. Eingebettet sind von Altindustrien

(Bergbau, Eisen und Stahl, Textil) geprägte Räume wie die Midlands, das Ruhrgebiet, Nord-Pas-de-Calais, die sich noch im Strukturwandel befinden.

Die zweite und **jüngere Achse** – in Anlehnung an eine ähnliche Nord-Süd-Verlagerung wirtschaftlicher Aktivitäten in den USA als **„Sunbelt"** bezeichnet – ist erst in punktuellen Ansätzen ausgebildet. Sie erstreckt sich von Katalonien mit der Metropole Barcelona über aufstrebende Standorte wie Toulouse und die Region Rhône-Alpes (Schwerpunkt Lyon-Grenoble) entlang der Mittelmeerküste und findet ihre Fortsetzung in den dynamischen Städten des so genannten „Dritten Italiens" (u. a. Verona, Bologna, Ravenna).

Die Osterweiterung der EU eröffnet die Möglichkeit zur Bildung neuer Achsen, wie z. B. Hamburg – Riga – Helsinki – Petersburg; Hamburg/Ruhrgebiet – Berlin – Warschau; Berlin – Dresden – Prag und München – Wien – Budapest.

Wachstumsregionen in Europa[7]

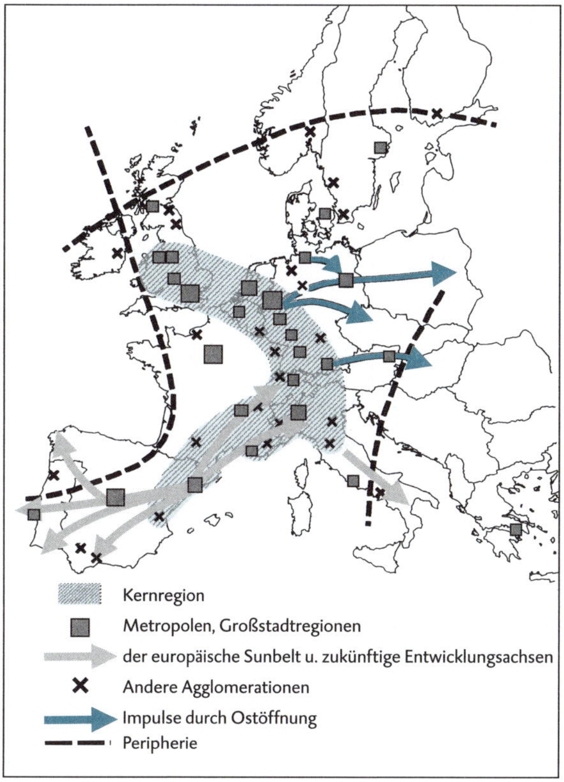

7 Europa in den Grenzen von 1991

Die **Passiv-** oder **Schrumpfungsräume**, die wirtschaftlich am wenigsten entwickelten und einkommensschwächsten Regionen (40 % und mehr unter dem EU-Durchschnitt) befinden sich in der **Peripherie** Europas. Seitdem Irland als Folge der EU-Strukturbeihilfen und einer klugen Investitionspolitik keiner Förderung mehr bedarf, zählen auf den britischen Inseln nur die peripherstem Regionen in NW-Schottland, West-Wales und Cornwall zu den strukturschwachen Gebieten. Von dort aus ziehen sich die Regionen in einem Bogen über den Süden Portugals und der Mittelmeerländer, das durch Bürgerkriege geschädigte Südosteuropa, die Länder Mittelost- und Osteuropas (mit Ausnahme ihrer wirtschaftlichen Zentren, wie Prag, Bratislava, Budapest, Warschau, Riga), bis hin zu den Subpolarzonen Skandinaviens. Sie liegen sowohl im Vergleich zu Gesamteuropa als auch innerhalb der Einzelstaaten fernab von den wirtschaftlichen und politischen Entscheidungszentren.

Zu dieser Kategorie zählen auch die neuen Bundesländer, die durch den Zusammenbruch des staatskapitalistischen Systems sowjetischer Prägung ähnlich marginalisiert wurden wie die Transformationsstaaten Mittelost- und Osteuropas. Deutlich größer als bei den BIP-Werten sind die Unterschiede beim Indikator Arbeitslosigkeit. Die Mittelwerte der Arbeitslosenquote für die Einzelstaaten verbergen zudem die großen regionalen Diskrepanzen innerhalb der Länder, wie die nachfolgende Tabelle zeigt.

Bandbreite der Arbeitslosenquote in den Regionen[8] der EU-25 sowie Bulgarien und Rumänien (2004 in %)

Land	Ø	Regionen mit minimalem Wert	Ø	Regionen mit maximalem Wert	Ø
Belgien	8,4	West-Vlaanderen	4,5	Bruxelles	15,7
Tschechien	8,3	Praha	3,9	Moravskoslezsko	14,6
Deutschland	10,3	Oberbayern	4,9	Halle	23,4
Griechenland	10,5	Kriti	7,7	Dytiki Makedonia	16,6
Spanien	11,0	Navarra	5,5	Andalucía	17,1
Frankreich[9]	9,6	Bretagne	7,1	Corse	14,2
Irland	4,5	Southern and Eastern	4,5	Border, Midland and Western	4,7
Italien	8,0	Bozen	2,7	Sicilia	17,2
Ungarn	6,1	Közép Magyarország	4,5	Èszak Magyarország	9,7
Niederlande	4,6	Zeeland	3,4	Groningen	6,4

8 Dänemark, Estland, Lettland, Litauen, Luxemburg, Malta, Slowenien, Zypern sind nicht in Regionen unterteilt.
9 In den Départements d'Outre-Mer: Réunion – 32,8 %

Land	Ø	Regionen mit minimalem Wert	Ø	Regionen mit maximalem Wert	Ø
Österreich	4,9	Tirol	3,3	Wien	8,9
Polen	19,0	Mazowieckie	14,6	Dolnośląskie	24,9
Portugal	6,7	Centro	4,3	Alantejo	8,8
Slowakei	18,2	Bratislavský kraj	8,3	Východné Slovensko	24,2
Finnland	8,8	Etelä-Suomi	7,3	Itä-Suomi	12,5
Schweden	6,5	Småland	5,2	Norra Mellansverige	7,9
UK	4,7	Dorset and Somerset	2,4	Inner London	8,9
Bulgarien	12,0	Yugozapaden	9,4	Severoiztochen	17,6
Rumänien	8,1	Nord-Est	6,2	Sud-Est	9,9

Das **Zentrum-Peripherie-Gefälle** in Europa sowie innerhalb der einzelnen Länder tritt bei der Betrachtung der Arbeitslosigkeit sehr deutlich zu Tage. So weisen wirtschaftlich starke Länder wie die Niederlande viel geringere regionale Abweichungen auf als wirtschaftlich schwache Länder wie Griechenland oder die neuen Mitglieder. Noch viel nachdrücklicher wird die Benachteiligung der strukturschwachen Regionen, wenn man die Höhe der Jugendarbeitslosigkeit berücksichtigt, die bei zunehmender Hoffnungslosigkeit die Gefahr birgt, dass sich aufgestaute Frustration in Gewalt entlädt, wie es wiederholt in England und neuerdings auch in Frankreich geschehen ist. Hohe Werte treten nicht nur an der Peripherie auf, wie regional in Südspanien (28 %), Süditalien (43 %), Griechenland (49 %) sowie in den neuen Mitgliedsländern – u. a. Tschechien (33 %), Ungarn (22 %), Polen (48 %), Slowakei (43 %), sondern auch in strukturschwachen Regionen der Kernländer, z. B. in Belgien (40 %) und in sozialen Brennpunkten in Metropolen Paris und London.

Das Verteilungsmuster zwischen dynamischen Wachstums- und Schrumpfungsräumen hat sich seit den 80er Jahren des 20. Jh. verfestigt. In einigen peripheren Regionen haben aber EU-Strukturbeihilfen anhaltende dynamische Wachstumsprozesse ausgelöst, so in Südirland, Griechenland, Spanien, Südportugal und in Finnland. Die dynamischsten Wachstumsräume sind aber die Hauptstadtregionen, allen voran London (315 % des EU-25-Durchschnitts). Die Erweiterung nach Osten verspricht positive Wirtschaftsbeziehungen und Wachstumschancen auch für Regionen, die vorher als Grenzlandzonen sehr benachteiligt waren. Voraussetzung ist aber eine deutliche Verbesserung der Wirtschaftsstrukturen in den neuen Mitgliedsländern und den potenziellen Beitrittsländern, wie aus der nächsten Tabelle zu entnehmen ist. Insbesondere der relativ hohe Anteil an Erwerbstätigen im Primären Sektor weist daraufhin, dass ein weitergehender Strukturwandel unausweichlich ist, der Polen besonders treffen wird. Polen hat als einziges Land eine kleinbäuerliche Struktur (75 % aller Betriebe) mit Durchschnittsgrößen von 7,5 ha (EU: 18,4 ha; D: 47,0 ha). Dennoch hat bereits in der Anpassungsphase vor dem Beitritt ein Aufholprozess eingesetzt, der nach wie vor anhält, auch wenn er sich vor allem auf die Hauptstadtregionen konzentriert, allen weit voran Prag mit 120 % des EU-25-Mittelwertes, was regionale Divergenzen erst einmal verschärft.

EU-Länder: Bevölkerung und Bruttosozialprodukt[10]

Staaten	Fläche in 1 000 km²	Bevölkerung in Mio. 2004	Erwerbstätige Primärer Sektor (Landwirtschaft) (%)	BIP pro Kopf in KKS Index 2005	BIP pro Kopf in KKS 2005[11]	Durchschnittl. jährl. Zuwachsrate des BIP pro Kopf in % 2005
Eurozone		308,68	5,0	106,5	25 580	
EU (15 Länder)	2 260	382,72	4,0	109,0	27 160	
EU (25 Länder)	k. A.	456,86	k. A.	100,0	24 120	2,0
Belgien	31	10,40	0,8	118,2	27 860	2,2
Dänemark	43	5,40	3,2	122,9	29 440	2,3
Deutschland	357	82,53	2,3	108,0	25 770	0,8
Estland	45	1,35	7,0	52,9	12 840	6,0
Finnland	338	5,22	5,4	115,7	26 420	3,3
Frankreich	544	59,90	4,1	110,0	27 180	2,0
Griechenland	132	11,04	15,8	82,3	19 870	2,9
Irland	70	4,03	6,4	142,6	31 950	4,9
Italien	301	57,89	5,3	103,7	25 560	1,2
Lettland	65	2,32	15,5	45,4	10 490	7,2
Litauen	65	3,45	17,8	50,0	12 620	6,4
Luxemburg	3	0,45	1,3	224,1	50 100	3,8
Malta	0,3	0,40	1,9	70,0	17 780	1,7
Niederlande	42	16,26	3,1	123,5	27 970	1,0
Österreich	84	8,14	0,8	121,7	28 990	2,1
Polen	313	38,19	29,8	47,9	11 600	4,4

10 Quellen: Fischer Weltalmanach 2006 (Daten Spalte 2 und 4), Statistik Kurzgefasst 15/2005 (Daten Spalte 3), Eurostat (Daten Spalten 5 bis 7);
11 Prognose

Staaten	Fläche in 1 000 km2	Bevölkerung in Mio. 2004	Erwerbstätige Primärer Sektor (Landwirtschaft) (%)	BIP pro Kopf in KKS Index 2005	BIP pro Kopf in KKS 2005	Durchschnittl. jährl. Zuwachsrate des BIP pro Kopf in % 2005
Portugal	92	10,48	12,3	75,5	17 680	1,1
Schweden	450	8,98	2,1	116,7	27 220	3,0
Slowakei	49	5,38	6,2	53,6	12 860	4,9
Slowenien	20	1,99	9,7	79,9	19 090	3,7
Spanien	505	42,35	5,9	98,3	3 260	2,7
Tschechien	79	10,21	4,4	71,7	17 190	4,0
Ungarn	93	10,12	6,2	62,4	14 940	3,9
UK	243	59,37	1,4	119,4	29 010	2,8
Zypern	9	0,73	8,0	81,9	20 500	3,9

Die Chancen des Binnenmarktes

Wirtschaftstheoretiker sind der Auffassung, dass der europäische Binnenmarkt nicht für alle Regionen Vorteile birgt. Vor allem zentrale Wachstumsräume im Band der „Blauen Banane“ profitieren davon. Für altindustrialisierte und stark ländlich geprägte Regionen dürfte der weitere europäische Integrationsprozess eher negative Folgen haben, vor allem, wenn die Einsicht in die Notwendigkeit eines Strukturwandels fehlt oder die Voraussetzungen dafür zu schlecht sind.

Es gibt allerdings Gegenbeispiele für diese Auffassung. So zieht Irland dank einer geschickten Investitionspolitik mit nationalstaatlicher und europäischer Unterstützung inzwischen **Direktinvestitionen** nicht nur aus EU-Staaten an und ist zu einem begehrten High-Tech-Standort geworden – eine Erfolgsgeschichte, die mit derjenigen der „kleinen Panther“ (Thailand, Malaysia, Philippinen) in Südostasien gleichgesetzt wird.

Portugal konnte nach dem Beitritt zur EU ebenfalls Direktinvestitionen verbuchen, wenn diese auch bevorzugt den Küstenstreifen zwischen Lissabon und Porto, vor allem aber die Hauptstadtregion, zum Ziel hatten.

Wie das nachfolgende Beispiel Galiciens, einer peripheren Region in Nordwestspanien, zeigt, können auch geschickte unternehmerische Entscheidungen für ein nachhaltiges Wachstum und die Schaffung von Arbeitsplätzen sorgen, ohne dass die Politik durch Subventionen den Anstoß gibt.

Exkurs: Galiciens Modemacher

(…) Aus einer der ärmsten Regionen Europas stammen heute Spaniens angesehenste Couturiers. Ausgebildet in Paris kehrten sie nach dem Tod des Diktators Franco 1975 als berufserprobte Designer in die Heimat zurück. Sie rackerten zunächst im Familienbetrieb und schafften schließlich den Sprung zu Globalunternehmen mit Läden in ganz Spanien und im Ausland, mit Exporten bis nach Arabien und Fernost. Das heimatverbundene Modevölkchen hat Galicien inzwischen zum „spanischen Mailand“ gemacht.

Seit 1991 wuchs die Textilbranche der Region um 1 000 Prozent. Und nicht nur Teures wird angeboten. In Arteixo bei La Coruña stehen die Nähmaschinen von Inditex – heute das drittgrößte Modeunternehmen der Welt (Umsatz 1999: 2 Mrd. €) hinter dem kalifornischen Khaki-Spezialisten Gap (11,9 Mrd. €) und dem schwedischen Teenie-Ausstatter Hennes & Mauritz (3,8 Mrd. €). Im November eröffneten die Galicier ihre ersten Läden in Deutschland.

Spaniens einstige Armutsregion produzierte hauptsächlich Auswanderer. Doch in den vergangenen 20 Jahren hat sie sich gewandelt. Allein die 760 Textilbetriebe beschäftigten im vergangenen Jahr 30 000 Menschen, während überall sonst in Spaniens Modebranche Arbeitsplätze verloren gingen.

Den Löwenanteil am galicischen Kleiderwunder hat Inditex, der Gigant aus La Coruña, mit fünf Konfektionsketten und 14 000 Angestellten – fast die Hälfte davon im Ausland. Doch für Werbung gibt die Firma keine Peseta aus. Ihre Stars sind die 924 Läden in 31 Ländern, mit ausgeklügelt elegant dekorierten Schaufenstern. Ein 200 Köpfe starkes Team entwirft heute „Kleider zum Leben“, so der interne Slogan.

Die Taktik ist es, von jedem Modell nur wenige Stücke anzubieten, damit der Kunde das Gefühl hat, ein Einzelstück zu erwerben, und den Drang verspürt, alle paar Tage nach frischer Ware zu fahnden. Es gibt keine Lagerhaltung und keine Ladenhüter. Produziert wird nach Bestellung, die Filialleiter können beim Ordern auf Wünsche eingehen. Nur zehn Tage braucht das Inditex-Team angeblich, um ein Teil zu entwerfen und bis zum Käufer zu bringen. Zweimal pro Woche ist Liefertermin, ob in New York oder Madrid. „Just in time“, genau zur rechten Zeit, soll der Kunde finden, was er gerade braucht, und das zu Preisen, die bei einem Zehntel der Original-Gucci- oder Prada-Artikel liegen.

Die niedrigen Preise sind möglich, weil Zwischenhändler ausgeschaltet werden. Alle Abläufe kontrolliert die Zentrale über ihr Informationssystem. Im Industriegebiet von Sabón arbeiten 23 eigene Firmen an der Produktion der Entwürfe; außerhalb wurden die Strickwarenherstellung, Weber- und Färbereien sowie eine Schuhfabrik angesiedelt. Nur das Zusammennähen der schon per Computer zugeschnittenen Stoffteile übernehmen 300 Zulieferfirmen aus Galicien und Nordportugal. Diese Zentralisierung macht den Vorsprung vor der Konkurrenz aus.

Erst seit die Designer sich aus eigener Kraft durchgesetzt haben, hilft ihnen die galicische Landesregierung mit günstigen Krediten, denn … Galicien soll zum „Bayern des Südens“ werden.

Quelle: nach DER SPIEGEL 31/2000, S. 148 f., gekürzt und verändert

Die Initiative der Modemacher Galiciens strahlt über die eigentlichen Produktionsbetriebe auf die ganze Region aus. Sie erhält vorhandene und schafft neue Arbeitsplätze und stoppt die Abwanderung. Nach dem Gesetz des doppelten Stellenwertes könnten zu den 30 000 Beschäftigten im Textil- und Bekleidungssektor mindestens noch einmal die gleiche Anzahl von Arbeitsplätzen in den vor- und nachgelagerten Sektoren geschaffen worden sein. Zum **vorgelagerten Bereich** gehören die Landwirtschaft (Anbau von Flachs und Verarbeitung zu Leinen) und der Maschinenbau (Ausstattung von Färbereien, Webereien, Nähereien, Strickereien). Der **nachgelagerte Bereich** umfasst unternehmensbezogene Dienstleistungen (Logistik, Softwareentwicklung, Systembetreuung; Banken, Versicherungen, Gebäudemanagement etc.) sowie personenbezogene Dienstleistungen (dank höherer Kaufkraft höhere Umsätze im Einzelhandel, in der Gastronomie etc.; Sicherung oder Ausweitung der Arbeitsplätze in der öffentlichen Verwaltung, im Bildungssektor).

3 Bevölkerungsverteilung und -aufbau

Die **räumliche Verteilung** der Bevölkerung wird einerseits von der natürlichen Ausstattung eines Siedlungsraumes (Gunst- und Ungunstfaktoren hinsichtlich Klima, Böden, Relief sowie Eignung für die Verkehrserschließung) bestimmt. Diese Naturfaktoren werden allerdings von historisch-politischen Entscheidungen und wirtschaftlichen Entwicklungsprozessen überlagert.

Bei der Betrachtung der **Naturfaktoren** sind in Europa jene Gebiete hervorzuheben, in denen die natürlichen Ungunstfaktoren überwiegen, dazu zählen beispielsweise die Hochgebirgsregionen wie die Alpen, aber auch Trockenräume wie in Südostspanien. In diesen Räumen erschweren zwar die Ungunstfaktoren die landwirtschaftliche Nutzung, dagegen haben sie sich zu attraktiven Zielgebieten des Tourismus entwickelt.

Die Küstenzonen und großen Flusslandschaften Europas zählen zu den bevorzugten Lebens- und Wirtschaftsräumen. Allein in einem Streifen von 20 km entlang der Küsten lebt ein Drittel der städtischen Bevölkerung (in Siedlungen über 20 000 Einw.) der Europäischen Union. Zählt man jene Bevölkerung hinzu, die an den 15 großen Flüssen Europas lebt, dann nehmen beide Regionen über die Hälfte der Gesamtbevölkerung auf.

Die Auswirkungen der **historisch-politischen** Entscheidungen zeigen sich in der unterschiedlichen Bevölkerungsverteilung zentralistisch verfasster Länder und solcher mit föderalistischer Struktur. In Frankreich und weniger stark in England tritt dies besonders hervor. Die Region der Ile-de-France mit der

Metropole Paris (in Großbritannien analog die Region Greater London) nimmt eine überragende Stellung ein. Gegenwärtig verstärkt sich diese Entwicklung noch, da Paris tertiäre Funktionen im hochwertigen, unternehmensbezogenen Dienstleistungsbereich sowie in Forschung und Entwicklung anzieht wie kaum eine andere Region Frankreichs. Auch das radial auf Paris ausgerichtete Verkehrsnetz wird erst allmählich durch Querverbindungen ergänzt und die Erreichbarkeit jüngerer Wachstumspole wie Toulouse und die Region Rhône-Alpes verbessert. In den Ländern, die erst spät im 19. Jh. zu einem Nationalstaat zusammengewachsen sind, wie Deutschland oder Italien, konnte sich dagegen kein ähnlich beherrschendes Zentrum herausbilden.

Die Folgen **wirtschaftlicher** Entwicklungsprozesse lassen sich an der heutigen Verteilung der Bevölkerung in Europa deutlich ablesen, sie spiegeln sich in einem lange anhaltenden **Verlagerungsprozess** wider. Seit Beginn der Industrialisierung hat sich das Verteilungsmuster nachhaltig verändert. Entleerungsprozesse in peripheren, wirtschaftlich benachteiligten Regionen (Abwanderungsräume) und Konzentrationsprozesse auf wenige Verdichtungsräume (Zuwanderungsräume) gehen seither Hand in Hand. Überlagert werden solche, von der wirtschaftlichen Entwicklung ausgelösten Bevölkerungsbewegungen, durch Flucht, Vertreibung und Zwangsumsiedlung infolge von Kriegen.

Demografische und räumliche Bevölkerungsveränderungen

Der Industrialisierungsprozess hatte nachhaltige Auswirkungen auf das generative Verhalten der Bevölkerung in Europa. In Agrargesellschaften sind hohe Geburtenziffern und hohe Sterbeziffern die Regel; der Bevölkerungszuwachs ist also sehr gering. Erst mit dem Absinken der Sterbeziffern als Folge besserer Hygiene und ärztlicher Versorgung nimmt die Bevölkerung rasch zu, verstärkt durch eine abnehmende Säuglingssterblichkeit. Erst im weiteren Verlauf gehen auch die Geburtenziffern zurück und das Bevölkerungswachstum verlangsamt sich, bis sich im Endstadium Geburten- und Sterbeziffern auf einem niedrigen Niveau wieder einpendeln, sodass die Bevölkerung stagniert oder sogar abnimmt, wenn die Geburtenrate unter die Sterberate sinkt.

Dieser hier nur sehr knapp dargestellte **demografische Übergang** lief in Europa unterschiedlich schnell ab. Die hoch entwickelten Länder erreichten das Endstadium am frühesten, während die mediterranen Länder diesen Prozess erst viel später, dafür aber schneller durchliefen. Auch innerhalb eines Landes verlief der Prozess mit unterschiedlicher Geschwindigkeit. Die letzte Phase war in den dominierenden Wirtschaftszentren Norditaliens und Spaniens lange vor Süditalien oder Südspanien erreicht. Heute sind die Zuwachsraten der Bevölkerung in ganz Europa durchweg sehr gering. In 15 Ländern von

37 ist das natürliche Bevölkerungswachstum negativ, in allen anderen Ländern weit unter 1 % (Ausnahme Albanien: 1,5 %).

Am **Beispiel Italiens** lassen sich die **demografischen Veränderungen** gut aufzeigen: Bis in die 70er Jahre des 20. Jh. war das Land zweigeteilt. Der Norden und die Mitte hatten bereits die demografischen Werte einer Industriegesellschaft erreicht, während der Süden und die Inseln noch Kennzeichen einer Agrargesellschaft aufwiesen: starke Familienbindung, hohe Fruchtbarkeitsraten, hohe Säuglingssterblichkeit, niedrige Lebenserwartung.

Im Norden hatte sich die Tendenz zu weniger Geburten fortgesetzt, sodass Ende der 70er Jahre das natürliche Wachstum teils schon negativ war. Die für ganz Italien noch positive Bilanz wurde ausschließlich von den Geburtenüberschüssen des Südens getragen. In den 90er Jahren verstärkte sich der **Rückgang der Geburtenziffern**, sodass im Zeitraum von 1992–1995 für Italien erstmals ein **Sterbeüberschuss** registriert wurde, der sich seither geringfügig vergrößert hat. So gelangte Italien, das sich von ca. 1920 bis in die 70er Jahre in der zweiten Phase des demografischen Übergangs befand, in nur 25 Jahren in die fünfte Phase, die Deutschland bereits Anfang der 70er Jahre erreicht hatte. Die Fruchtbarkeitsziffer ist in Italien inzwischen auf den niedrigsten Wert in Europa gesunken. Dennoch gibt es noch regionale Unterschiede:

Geburtenüberschuss/-defizit in den Regionen Italiens (in % der Gesamtbevölkerung)[12]

	1911–13	1951–52	1972	1981	1992–95	2000–03
Norden	12,0	3,5	4,1	–1,7	–2,3	
Nordwest	k. A.	k. A.	k. A.	k. A.	k. A.	–1,5
Nordost	k. A.	k. A.	k. A.	k. A.	k. A.	–1,1
Mitte	12,9	6,3	5,9	0,1	–1,9	–1,5
Süden	13,1	14,3	11,4	6,5	3,8	1,4
Inseln	11,5	14,5	10,2	5,6	3,4	k. A.
Italien gesamt	12,5	8,0	6,9	1,4	–0,1	–0,4

Die Ursachen für die rasante „Aufholjagd" des Südens in der natürlichen Bevölkerungsentwicklung sind vor allem auf zwei Ebenen zu suchen. Durch eine intensivierte staatliche Gesundheitsvorsorge sank die Säuglingssterblichkeit auf den Durchschnittswert Italiens, der dem Schnitt westeuropäischer Industriestaaten entspricht. Die Nachfrage nach ungelernten Arbeitskräften in den Industriezentren des Nordens, die jahrzehntelang den Geburtenüber-

12 Quelle für Werte ab 1996: Bilancio demografico anno 2004, Istat

schuss des Südens aufgenommen hatten, hat stark nachgelassen. Deshalb entwickelte sich die Tendenz, die Familiengröße zu beschränken, die heute nur wenig über dem Durchschnitt Italiens liegt.

4 Bevölkerungswanderungen

Europa erlebte im 19. Jh. einen hohen Bevölkerungszuwachs, der auch in ländlichen Gebieten einen **hohen Bevölkerungsdruck** erzeugte. Gleichzeitig stieg die Nachfrage nach landwirtschaftlichen Produkten in den rasch wachsenden Industriestädten. Dies führte zu agrartechnischen Verbesserungen in den Gunstgebieten und damit zur Freisetzung von Arbeitskräften, landlosen Tagelöhnern sowie Kleinbauern mit nicht konkurrenzfähigen Subsistenzbetrieben. Zusätzlich erreichten billigere Massenprodukte der Industrie durch die Eisenbahn die peripheren Regionen und läuteten den Niedergang des ländlichen Handwerks und des Heimgewerbes (z. B. Hausweber, Schuhmacher) ein.

Der wirtschaftliche Aufschwung durch die Industrialisierung besonders in West- und Mitteleuropa, später auch in Südeuropa, brachte viele neue Arbeitsplätze für ungelernte Arbeitskräfte, die aus nah und fern angeworben wurden.

Wie bei der demografischen Entwicklung verlief auch der Wanderungsvorgang in Europa nicht zeitgleich. Je früher der Industrialisierungsprozess in einem Land begann, desto früher setzte in den peripheren Gebieten die **Landflucht** ein. Besonders betroffen waren Mittel- und Hochgebirgsregionen, die folgende Gemeinsamkeiten aufweisen:

- *Ökologische Benachteiligung:*
  Das raue Klima, die ertragsarmen Böden und das steile Relief schränken die landwirtschaftliche Nutzung stark ein.
- *Sozioökonomische Benachteiligung:*
  Die traditionelle Agrargesellschaft mit Großfamilienstrukturen und einem traditionellen generativen Verhalten mit hohem Bevölkerungszuwachs herrscht noch vor. Die Besitzzersplitterung durch Realerbteilung (Klein- und Kleinstbetriebe) zwang die Kleinbauern, einen Nebenerwerb auszuüben oder saisonal abzuwandern. In Südeuropa verschärfte der Dualismus zwischen Großgrundbesitz (Latifundien) und subsistenzorientiertem Kleinstbesitz (Minifundien) die Erwerbssituation auf dem Land. Die Kleinbauern waren gezwungen, zusätzlich auf den Großbetrieben zu arbeiten, um wenigstens das Existenzminimum zu sichern. Zudem ist der Mangel an außerlandwirtschaftlichen Arbeitsplätzen für diese Regionen kennzeichnend.

- *Infrastrukturelle Benachteiligung:*
  Die abseitige Lage, die geringe oder fehlende Anbindung an regionale oder überregionale Wirtschaftszentren verhindern die Ansiedlung von Unternehmen und damit die Schaffung neuer Arbeitsplätze.

Diese Benachteiligungen erzeugen einen hohen **Wanderungsdruck** (Push-Faktoren), dem ein **Wanderungssog** in der Zielregion (Pull-Faktoren: Aussicht auf Beschäftigung, Hoffnung auf ein höheres Einkommen, bessere Qualifizierungsmöglichkeiten) gegenübersteht.

Die **Höhenflucht** oder **Bergflucht** ist ein europaweites Phänomen; sie trifft bis heute das Massif Central in Frankreich ebenso wie die Abruzzen in Italien, die Sierra Morena in Spanien oder auch den gebirgigen Norden Skandinaviens. Nur dort, wo frühzeitig eine touristische Erschließung begann und wenigstens saisonale Ersatzarbeitsplätze entstanden, konnte die Abwanderung gebremst werden. Auch staatliche Subventionen für Bergbauern z. B. in den Alpen haben dazu beigetragen.

Seit Ende der 70er Jahre findet allerdings eine gegenläufige Entwicklung statt. **Rückwanderer**, häufig im Rentenalter, lassen sich in der Heimatgemeinde nieder, verlassene Häuser und Gehöfte werden zu Zweitwohnsitzen ausgebaut, in denen Stadtbewohner zeitweise leben und diese später zum Dauerwohnsitz wählen. Der Umfang dieser Zuwanderungen ist aber viel geringer als jener der Abwanderung.

Das französische **Massif Central** ist die Region, die am nachhaltigsten und am längsten von der Abwanderung geprägt ist. Der Prozess der Entsiedelung begann bereits um die Mitte des 19. Jh. Anfänglich wurde der Wanderungsverlust noch durch hohe Geburtenüberschüsse ausgeglichen, bis sich das generative Verhalten änderte und die Bevölkerung insgesamt abnahm. Über das Zwischenstadium der saisonalen Wanderung veranlasste die starke Nachfrage nach Arbeitskräften in der Industrie, im Baugewerbe und im Dienstleistungsbereich immer mehr Saisonwanderer dazu, den Raum endgültig zu verlassen. Zuerst waren die leichter erreichbaren Industriestädte wie Clermont-Ferrand, St. Etienne oder Industriestandorte im Rhônetal das Ziel; mit der Ausweitung des Eisenbahnnetzes setzte sich der übermächtige Sog der Region Paris durch.

In **Italien** und **Spanien** setzen ähnliche Vorgänge mit zeitlicher Verzögerung ein. Der zunehmende Sog der Industriestädte im Norden Italiens (z. B. Mailand, Turin) sowie im Norden Spaniens (z. B. Madrid, Barcelona, Bilbao), löste eine Süd-Nord-Wanderung aus, die bis heute anhält und mit ihren Schwankungen die Konjunktur der Industrie im Norden widerspiegelt.

Exemplarisches Raumbeispiel: Die Region Andalusien in Süd-Spanien

Im Zeitraum von 1950 bis 1981 ergab sich für die Region Andalusien eine deutliche Diskrepanz zwischen dem errechneten natürlichen Bevölkerungszuwachs und der tatsächlich gezählten Bevölkerung: der Schwund von knapp 2 Mio. Einwohner kann nur durch **Landflucht** und **Auswanderung** erklärt werden.
Die **Binnenwanderung** begann schon vor 1950 mit der Abwanderung aus den schlecht erschlossenen Gebirgsräumen der Sierra Morena und der Betischen Kordillere in die bevorzugten Beckenlagen (Tal des Guadalquivir und Vega von Granada) und in die Küstenhöfe von Málaga und Almería. Im Zeitraum 1961–1975 schloss sich eine **Süd-Nord-Wanderung** an. Zielgebiete der 530 000 Migranten waren die Industrie- und Wirtschaftszentren im Norden Spaniens (Madrid, Katalonien, Baskenland). Parallel zur Binnenwanderung wurden viele Arbeitskräfte aus Spanien nach Frankreich und Deutschland geholt. Ein Drittel aller Spanier, die als **Gastarbeiter** nach Deutschland kamen, wurde in Andalusien angeworben (135 675).
Der Prozess der Abwanderung folgt bestimmten Mustern. Zuerst verlassen junge Männer den Ort, um als „Scouts" die Möglichkeiten in den Zielgebieten zu untersuchen, später ziehen Familienmitglieder und/oder Freunde nach, die bei den Scouts vorübergehend Unterkunft und auch Hilfe bei der Suche nach einem Arbeitsplatz bzw. einer Wohnung finden. Diese informellen Beziehungsgeflechte werden als **Netzwerke** bezeichnet. Die Zielräume der Migrationsströme unterschieden sich deshalb je nach Netzwerk.
Die Auswirkungen der Abwanderung für die Herkunftsgebiete sind weit reichend:

- Rückgang der Einwohnerzahl
- Überalterung, starke Zunahme der Einpersonenhaushalte
- ungleiche Geschlechterproportion – nicht nur junge Männer wandern ab, sondern auch junge Frauen; daraus ergibt sich ein Männerüberschuss, der dazu führt, dass die Zahl der unverheirateten Bauern ohne Hoferben zunimmt
- Folge: Verlust tertiärer Einrichtungen mangels Kundschaft, Zusammenbruch der sozialen Infrastruktur wegen ungenügender Auslastung

Die nachfolgende Abbildung zeigt als Beispiel für Bevölkerungsverluste in Gebirgsregionen die Gemeinde Guadahortuna/Provinz Granada. Zwischen 1960 und 1975 verlor der Munizip-hauptort 32 % der ursprünglichen Einwohner, das ländliche Umland 88 %. Die beschriebenen Prozesse lassen sich ohne weiteres auf andere südeuropäische Länder übertragen.

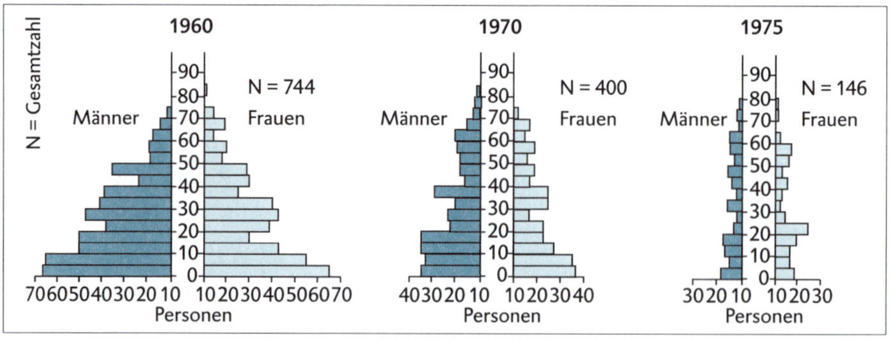

Grenzüberschreitende Wanderungen innerhalb der EU

Mit der Erweiterung der Europäischen Gemeinschaft und der Freizügigkeit erhält jeder EU-Bürger die Chance, sich den erwünschten Arbeitsplatz ohne Rücksicht auf nationale Grenzen suchen zu können. Dieser Austausch ist in allen Ländern zu beobachten, er hat aber bei weitem nicht den Umfang angenommen, den sich die Befürworter der Freizügigkeit erhofft hatten.

Umfang der Einwanderung am Beispiel Deutschlands [13]

Herkunftsregion	Anzahl Ende 2005	%	Herkunftsregion	Anzahl Ende 2005	%
Europa gesamt	5 375 180	79,5	Asien	826 432	12,2
Europäische Union	2 144 648	31,7	Afrika	274 929	4,1
Italien	540 810	8,0	Amerika	208 200	3,1
Polen	326 596	4,8	Australien und Ozeanien	10 157	0,1
Griechenland	309 794	4,6	Staatenlos, ohne Angabe	60 913	0,9
Sonstiges Europa	3 230 532	47,8			
Türkei	1 764 041	26,1			
Serbien und Montenegro	297 044	4,4	**Insgesamt**	**6 755 811**	100

Die Tatsache, dass trotz früh gewonnener Freizügigkeit Beschäftigte aus EU-Ländern gerade nicht die Mehrheit stellen, bedarf einer näheren Betrachtung. Die Befürchtungen der wirtschaftlich führenden Länder der EWG, Frankreich und Deutschland, sie würden bei der Gewährung von Freizügigkeit für alle sechs damaligen EWG-Mitglieder (1968) von einer Welle von Zuwanderern aus Italien, dem klassischen Auswanderungsland, überflutet werden, haben sich nicht bestätigt.

Auch die späteren Erweiterungen haben in den neuen Mitgliedsländern der EG/EU keine großen Migrationsströme ausgelöst. Im Durchschnitt stammen kaum zwei Prozent der „Gastarbeiter" in den EU-Ländern aus der EU selbst, die Mehrheit kommt aus Drittländern. Diese geringe Mobilitätsbereitschaft steht den Bemühungen entgegen, mit der Schaffung des Binnenmarktes alle Wanderungshemmnisse abzuschaffen.

13 Quelle: Pressemitteilung des Statistischen Bundesamts vom 28. März 2006, Ausländerzentralregister

Zur Erklärung werden folgende Gründe angeführt: Die Arbeitsmarktsituation in den wirtschaftlich stärksten Ländern der EU hat sich in den 80er- und 90er-Jahren nicht ausreichend positiv entwickelt, sodass der durchaus vorhandene Wanderungsdruck in peripheren Regionen für eine temporäre oder dauerhafte Auswanderung nicht stark genug war. Es werden kaum Arbeitskräfte mit geringer Qualifikation gesucht, und gerade diese machen europaweit den Großteil der Beschäftigungslosen aus. Außerdem hat die enge Verflechtung der europäischen Wirtschaft auch in den weniger fortgeschrittenen Ländern, durch Handelsaustausch und Direktinvestitionen, zu einem Aufschwung in den Wirtschaftszentren geführt. Das nach wie vor bestehende Wohlstandsgefälle innerhalb der Länder führt eher zu einer Binnenwanderung als zur Auswanderung.

Die zunehmende Anzahl an ausländischen Mitbürgern aus Drittländern, vor allem in Deutschland und Frankreich, geht zu einem großen Teil auf Familienzusammenführung zurück. In Frankreich, Spanien und Italien stellen immer mehr Einwanderer aus Nordafrika und den süd-saharischen Ländern die Mehrheit. Auch in Großbritannien haben Afrikaner in der Altersgruppe bis 25 die Iren vom traditionellen Platz Eins verdrängt.

Auch die neuen Mitgliedsländer wandeln sich – ausgenommen Polen, Litauen, Lettland – von Auswanderungs- zu Einwanderungsländern, da gerade im Niedriglohnsektor Arbeitskräfte aus Osteuropa freigewordene Arbeitsplätze besetzen. So wird wahrscheinlich die Gesamtbevölkerung trotz Überalterung in Folge der sehr niedrigen Geburtenraten auf absehbare Zeit nicht schrumpfen.

Gefahren für den Arbeitsmarkt durch die Osterweiterung der EU?

Mit dem Zusammenbruch der Sowjetunion und des RGW wurden die Grenzen nach Westen für Waren und Dienstleistungen, aber auch für Arbeitskräfte durchlässiger. Daraus wird abgeleitet, dass bei einem Beitritt der Länder Mittelosteuropas (MOE: z. B. Tschechien, Polen, Ungarn, Slowakei, Baltische Staaten) eine Flut von Migranten über den Arbeitsmarkt im Westen hereinbrechen könnte (ähnlich dem Strom an Übersiedlern aus den neuen Bundesländern in die alten), da das Wohlstandsgefälle zu den MOE-Ländern noch immer erheblich ist. Länder wie Polen haben überdies noch mit großen Umstrukturierungsproblemen zu kämpfen, die Freisetzungen von Arbeitskräften zur Folge haben.

Wanderungen zwischen der BRD und den Neuen Bundesländern 1989–1992[14]

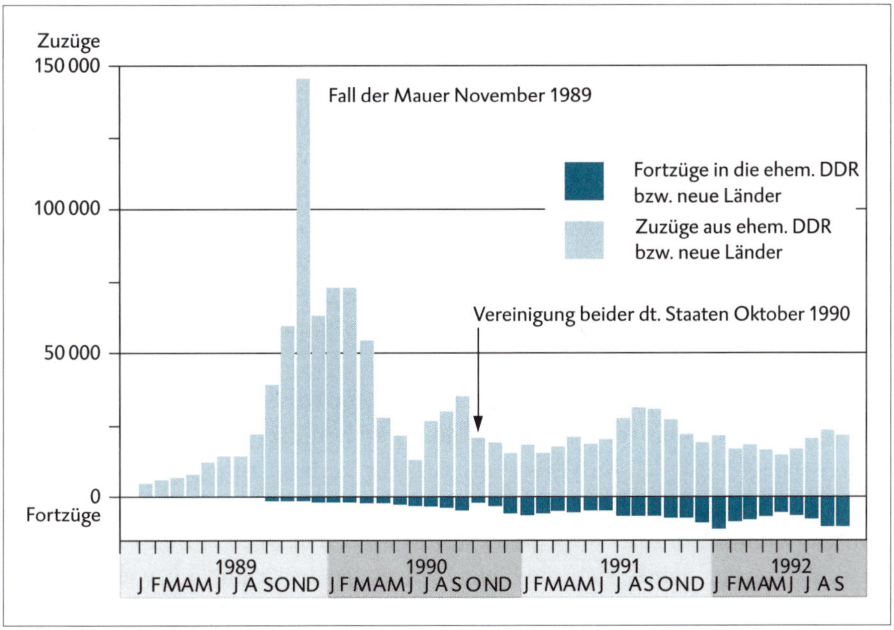

Die Erfahrungen seit dem Fall des Eisernen Vorhanges zeigen, dass die **Ost-West-Wanderungen** nicht zu dem befürchteten Massenphänomen geworden sind. Die sehr hohen Zahlen in den ersten Jahren nach der Öffnung gingen rasch zurück und die Migrationen (Übersiedlung und temporäre Arbeitswanderungen eingeschlossen) sind auf ein sehr niedriges Niveau gesunken.

Die Wanderungen konzentrieren sich auf Österreich und Deutschland, inzwischen auch auf Finnland. Mindestens drei Viertel aller Beschäftigten aus MOE, davon die Mehrheit aus Polen, arbeiten in diesen Ländern. Die Konkurrenzsituation auf dem Arbeitsmarkt hatte sich bisher auf das Baugewerbe konzentriert, seit dem Beitritt der neuen Länder und dem Wegfall des Meisterzwangs für etliche Handwerksberufe hat sich aber die Anmeldung von (schein-)selbständigen Einmannbetrieben, z. B. Fliesenleger, Maler, deutlich erhöht, wodurch das ohnehin unter der lang anhaltenden Konjunkturschwäche leidende Handwerk in große Bedrängnis gerät. Die große Mehrheit der temporär Beschäftigten ist nach wie vor besonders in der Landwirtschaft und in häuslichen Dienstleistungen tätig, wofür es nur wenige einheimische Bewer-

14 Die Abwanderung aus den Neuen Bundesländern hält weiter an. So verzeichnete Sachsen allein in der Zeit von 1990–2004 einen negativen Wanderungssaldo von 358 403 mit den alten Bundesländern.

ber gibt. Die regionale Verteilung zeigt **Schwerpunkte der Zielregionen** in Süddeutschland und Berlin sowie in Ostösterreich und in Wien.

Die **temporären Arbeitsmigranten** gehören überwiegend der jüngeren Generation an, sind nur selten arbeitslos und relativ hoch qualifiziert, sie übernehmen aber häufig Jobs im Niedriglohnbereich. Die erzielten Einkommen ermöglichen jedoch einen viel höheren Lebensstandard als mit einer der Qualifikation angemessenen Tätigkeit im Heimatland zu erreichen wäre; gleichzeitig ist das verdiente Geld wegen der höheren Kaufkraft im eigenen Land mehr wert. Deshalb ist es vorteilhaft, nur vorübergehend im Ausland zu arbeiten, den Verdienst aber zuhause auszugeben. Bei dieser Variante wäre ein Umzug mit Familie und den daraus resultierenden hohen Lebenshaltungskosten (z. B. Miete) in Deutschland nicht sinnvoll.

Der Effekt auf die Heimatländer der Migranten darf nicht unterschätzt werden. Zum einen entlastet die Abwesenheit den heimischen Arbeitsmarkt, zum anderen tragen die **Rücküberweisungen** zur Verbesserung der sozialen Lage der Familienangehörigen sowie zur wirtschaftlichen Entwicklung der Herkunftsregionen bei. Im Falle Polens waren es in den 90er Jahren ca. 2,5 Mrd. Euro. Allerdings deutet sich die Gefahr eines „Brain Drain“ an, wenn Besserqualifizierte dauerhaft ins Ausland gehen. So übernehmen z. B. polnische Ärzte frei werdende Allgemeinarztstellen in Ostdeutschland, weil diese sonst unbesetzt blieben. Dieses „Humankapital“ könnte für einen erfolgreichen Aufschwung fehlen.

Für die individuelle Migrationsentscheidung sind auch Zukunftserwartungen von großer Bedeutung. Erhofft man sich eine Verbesserung im Heimatland, wird die Abwanderung eher aufgeschoben oder aufgegeben. Der wirtschaftliche Aufschwung in Polen erbrachte auch eine gewisse Verbesserung der Arbeitsmarktsituation. Befürchtungen einer massenhaften Zuwanderung nach der erfolgten Osterweiterung scheinen deshalb unbegründet zu sein, wie bei der Süderweiterung wird aber die Arbeitskräftefreizügigkeit nur schrittweise bis 2011 gewährt.

Zusammenfassung

In den kommenden Jahrzehnten werden **drei Trends** die Bevölkerungsentwicklung in Europa bestimmen: die Bevölkerung wird abnehmen, der Anteil der über 65-Jährigen wird größer sein als jener der Erwerbstätigen, und die Wanderungsbewegungen innerhalb Europas und von außen nach Europa werden zunehmen.

Gegenwärtig liegt die natürliche Wachstumsrate bei –0,1 %; das Bevölkerungswachstum ist demnach zu zwei Dritteln auf die Zuwanderung junger, aktiver Jahrgänge zurückzuführen, die in verstärktem Maße notwendig wird, schon allein zur Sicherung der ohnehin reformdürftigen Sozialsysteme bei einem derartigen Überalterungsprozess.

Wirtschaftlich bedingte Wanderungen hängen dabei in starkem Maße vom **Wohlstandsgefälle** zwischen den Ländern ab. Im Laufe des europäischen Integrationsprozesses haben sich diese Unterschiede verkleinert. Ein wesentlicher Wanderungsgrund hat damit in der bisherigen EU an Bedeutung verloren. Innerhalb der Länder geht die Abwanderung aus den peripheren in zentrale Regionen weiter, denn dort werden bei weitergehender Tertiärisierung der europäischen Wirtschaft die meisten neuen Arbeitsplätze geschaffen. Die Mobilitätsbereitschaft ist allerdings unterschiedlich stark ausgeprägt. In traditionellen Abwanderungsgebieten (z. B. Süditalien, Südspanien, Portugal, Irland) ist sie eher vorhanden, unterstützt durch informationelle Netzwerke, als in solchen Gebieten, die durch den Strukturwandel in Altindustrien betroffen sind.

Die Mobilität wird zu einer noch stärkeren **Verstädterung** führen, zu einer weiteren Ausdehnung städtischer Siedlungen ins Umland, die den Bedarf nach einer konsistenten Raumplanung deutlich erhöhen wird.

Die Europäische Landwirtschaft

1 Natürliche Voraussetzungen und Raumstrukturen

Die Landwirtschaft findet in Europa einen sehr vielfältigen und von Gegensätzen gekennzeichneten Naturraum vor. Die Verbreitung wichtiger Kulturpflanzen wird durch die Dauer der **Vegetationsperiode** und dem daraus resultierenden Wärmeangebot sowie den Niederschlagsmengen bestimmt: nach Norden und in die Höhe wird der Anbau durch den **Wärmemangel** begrenzt, da die Temperaturen von Süden nach Norden und mit der Höhe abnehmen. Nach Süden und auch nach Osten begrenzt der **Niederschlagsmangel** den Anbau, da die Niederschläge sowohl von Norden nach Süden als auch von Westen nach Osten abnehmen. Die Hochgebirge Europas weisen extremere Niederschlagsverhältnisse auf (Luv- und Leelagen). Die Niederschlags- und Wärmebedingungen werden durch **Boden**- und **Reliefeigenschaften** als weitere Naturfaktoren (siehe Kapitel ‚Naturräumliche Gegebenheiten') überlagert.

Die Naturausstattung des europäischen Raums begründet das Vorkommen bestimmter Anbaupflanzen und Betriebsausrichtungen. Bezüglich der Hauptanbaupflanzen ergeben sich fünf Zonen:

- **Borealer Nadelwald**: weite Teile Skandinaviens werden forstwirtschaftlich genutzt, da für andere Bodennutzungen die Temperaturen zu gering sind.
- **Dauergrünland**: Wiesen und Weiden (Grünland- und Milchwirtschaft) überwiegen aufgrund des hohen Niederschlags, aber auch wegen der schlechteren Böden, auf den britischen Inseln und in den Küstenzonen West- und Mitteleuropas sowie in den Mittel- und Hochgebirgen.
- **Kartoffel-Roggen-Gerste-Zone**: diese Getreidepflanzen dominieren in Nord-, aber auch im nördlichen Mitteleuropa (z. B. norddeutsche Tiefebene und Polen). Sie sind an kühle und feuchte Sommer angepasst.
- **Weizen-Gerste-Zone**: nach Süden überwiegt der Wärme liebende Weizen, wobei er auf hochwertigeren Böden angebaut wird (z. B. auf den Löss- und Schwarzerdeböden der Börden). Er herrscht ab Südfrankreich im gesamten Mittelmeerraum vor.

- **Mediterraner Anbau**: Die Wärmegunst ermöglicht den vielfältigen Anbau von Dauerkulturen wie Oliven, Obst (Zitronen, Orangen, Äpfel u. a.), Gemüse, Reis (z. B. in der Poebene) und Baumwolle. Dies ist aber oft nur durch Bewässerung möglich.

Die letzten drei Zonen sind von einer großen Anbauvielfalt geprägt. Hinsichtlich der Verbreitung von Hackfrüchten gilt für die Kartoffel, dass sie auf schlechteren Böden (z. B. sandige Böden der eiszeitlichen Ablagerungen und Mittelgebirgsböden) gedeiht, während die Zuckerrübe eine hohe Bodengüte benötigt. Die Dauerkultur Wein orientiert sich in Mittel- und Westeuropa an wärmebegünstigten Lagen (Südhänge), ist aber ab Südfrankreich im Mittelmeerraum auch in der Ebene weit verbreitet.

Bei der **tierischen Produktion** ist in Südeuropa die Schaf- und Ziegenhaltung verbreitet, während nördlich der Alpen die Schweine- und Rinderhaltung dominiert.

2 Agrarpolitische Entwicklungen

Als am 25. 3. 1957 in Rom der EWG-Vertrag und damit auch die Integration der nationalen Landwirtschaften beschlossen wurde, hatten die einzelnen Länder sehr unterschiedliche Startpositionen. Einige Strukturdaten aus dieser Zeit veranschaulichen dies:

Strukturdaten ausgewählter Länder (1957)

	Maximum		Minimum	
Erwerbstätige in der LW	Italien	41 %	Belgien-Luxemburg	13 %
Durchschnittliche Anbaufläche pro Betrieb in ha	Frankreich	17	Italien	6,8
Selbstversorgungsgrad bei Schweinefleisch	Niederlande	167 %	Italien	85 %
Mineraldüngereinsatz in kg pro ha Landnutzungsfläche (LN)	Niederlande	199,6	Frankreich	40,4
Traktoren pro 100 ha LN	Deutschland	32	Italien	9

Große Unterschiede bestanden auch beim Ertrags- und Preisniveau einzelner Güter (siehe nachfolgendes Beispiel ‚Weizen'). Der Artikel 39 des EWG-Vertrags setzte folgende Hauptziele:

- Steigerung der Produktivität der Landwirtschaft und Rationalisierung der landwirtschaftlichen Erzeugung;
- Erhöhung des Pro-Kopf-Einkommens der landwirtschaftlichen Bevölkerung;
- Stabilisierung der Agrarmärkte (Marktgleichgewicht: Angebot = Nachfrage);
- Sicherstellung der Versorgung;
- angemessene Verbraucherpreise.

Um dies zu erreichen, wurde eine verbindliche **Europäische Marktordnung** mit gemeinsamen Wettbewerbsregeln ins Leben gerufen. Allerdings führten obige Ziele bei den jährlichen Verhandlungen zu Konflikten: hohe Erzeugerpreise zogen eine Überproduktion nach sich. Damit war ein Marktgleichgewicht auf Dauer nicht zu halten, wie am Beispiel der **Weizenproduktion** veranschaulicht werden kann. Diese Entwicklung verlief bei anderen Agrarprodukten ähnlich. Wesentliche Merkmale der Marktordnung für Getreide waren:

- Festsetzung eines Preiszieles zur Sicherung angemessener Einkommen;
- Festlegung eines so genannten **Interventionspreises** unterhalb des Preiszieles, das bedeutet, dass bei einem Absinken der Marktpreise auf dieses Niveau die EU diese Güter aufkaufen muss, damit der Markt entlastet und das Preisziel erreicht wird. Die Güter werden von der EU eingelagert.
- Es existierten unbeschränkte Abnahmegarantien für Getreide.

1957 bestand für die sechs EWG-Gründerstaaten ein generelles Defizit an Getreide. Außerdem differierten in den Staaten die Weizen-Hektarerträge entsprechend dem Düngereinsatz erheblich: z. B. lagen diese in Frankreich bei 22,4 dt/ha bzw. in den Niederlanden bei 37,2 dt/ha. Entscheidend war das stark unterschiedliche Agrarpreisniveau für Weizen von 147 €/t in Frankreich bis 242 €/t in Luxemburg. Da in Frankreich ein extensiver Getreideanbau mit wenig Düngereinsatz vorherrschte, war ein derart geringer Preis für die Landwirte noch rentabel. Bei den ersten Preisfestsetzungen für Weizen in der EWG einigte man sich schließlich auf das hohe Niveau von 217 €/t.

Infolge der vertraglich gesicherten Weizenabnahme trat eine enorme Produktionsausweitung ein. Am deutlichsten zeichnete sich dies bei Frankreich ab, das schon vor der EWG der wichtigste Weizenproduzent war. Ohne wesentliche Ausdehnung der Anbauflächen konnte durch Intensivierung das Ertragsniveau bei Weizen bis 1999 etwa verdreifacht werden! Der Selbstversorgungsgrad Frankreichs stieg demnach von 102 % (1956) auf 238 % (1991).

Deshalb mussten die französischen Überschüsse mit steigender Menge exportiert werden. Auch in den anderen Staaten der EU stiegen die Getreideerträge, sodass sich die EU innerhalb von etwa 20 Jahren von einem Getreideimporteur zu einem Weltmarktexporteur wandelte.

Damit die überschüssige Produktion auf dem **Weltmarkt** abgesetzt werden konnte, musste das Erzeugnis mit einem niedrigeren Preis angeboten werden als es auf dem Binnenmarkt der EU gehandelt wurde. Folglich wurden **Exportsubventionen** eingerichtet. Gleichzeitig schützte ein System von **Importzöllen** den Markt der Gemeinschaft vor billigeren Weltmarktprodukten.

Abschöpfung und Exporterstattung bei Getreide

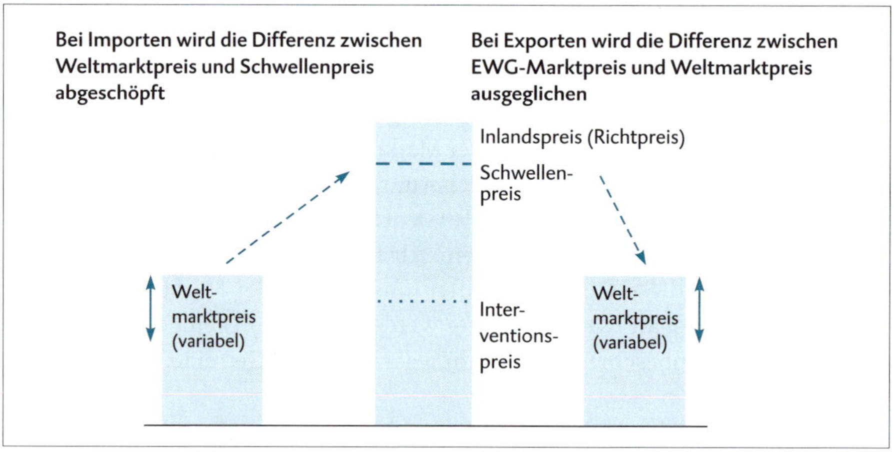

Die vorige Abbildung veranschaulicht den Mechanismus dieses Verfahrens: der **Inlandspreis** stellt den Richtpreis dar, der den europäischen Landwirten für das jeweilige Produkt zugestanden wurde. Der **Schwellenpreis** wurde für Einfuhren aus Drittländern festgesetzt: die Differenz zwischen Weltmarkt- und Schwellenpreis konnte „abgeschöpft" werden und ging als Gewinn in die EU-Kasse. Durch die relativ hohen Garantiepreise ohne Mengenbegrenzung entstanden in allen Bereichen der Landwirtschaft – für die solche Marktordnungen galten – rasch immense Überproduktionen und die nötigen Exportzuschüsse sowie Lagerungskosten belasteten die Kassen der Gemeinschaft verstärkt. Die Kosten für die Landwirtschaft wuchsen in den 80er Jahren bis zu 70 % aller EU-Ausgaben. Im Jahre 1999 betrugen sie noch ca. 55 %.

EU-Haushalt: Agrarausgaben nach Produkt- und Verwendungsbereichen 2003[16]

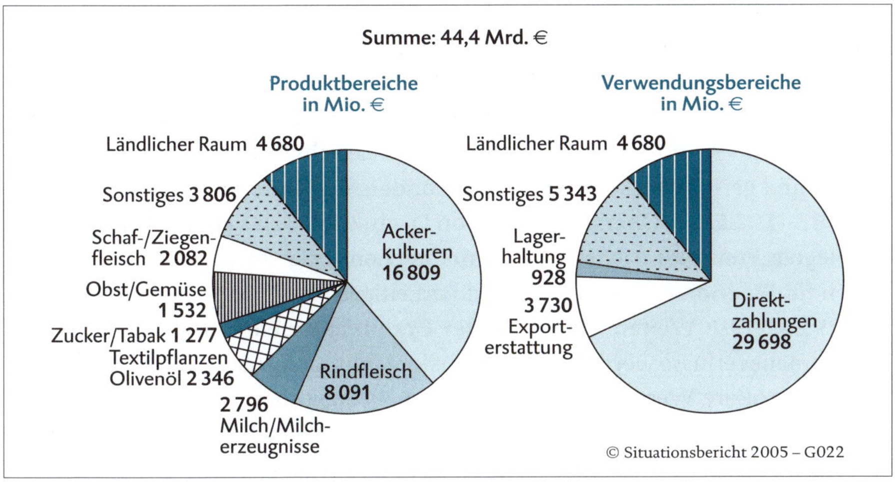

Zusätzlich zum internen Kostenproblem kam es zu Konflikten mit anderen Agrarerzeugern für den **Weltmarkt**. Hier muss zunächst festgestellt werden, dass fast alle Industrieländer durch Zölle und/oder Subventionen ihre Landwirtschaft vor der internationalen Konkurrenz zu schützen versuchen. Länder, wie z. B. die Schweiz, die sich bewusst vom agraren Weltmarkt abschotten, haben ein sehr hohes Preisniveau, während andere Länder wie Kanada und Australien, die speziell für den Weltmarkt produzieren, niedrigere Erzeugerpreise aufweisen. Für letztere Staaten spielt – ebenso wie für die USA und die EU – der Weltmarkt eine bedeutende Rolle für die nationale Landwirtschaft. Ein Vergleich der **Schutzmaßnahmen** (Agrarstützung) in den einzelnen Ländern zeigt das Ausmaß der Wettbewerbsverzerrungen: Während Neuseeland und Australien nur 1 bis 7 % des Wertes ihrer Agrarproduktion für Schutzmaßnahmen ausgeben, belaufen sie sich bei Norwegen und der Schweiz auf 70 bis 73 %. Im Durchschnitt der EU betrug der Wert 45 % (alle Daten für 1998).

Länder mit geringen Agrarstützungen sind deshalb bemüht, durch politische Vereinbarungen den freien Welthandel zu realisieren. Wegen des einseitigen Schutzes bestimmter Produkte kam es beispielsweise zwischen der USA und der EU bereits zu kleineren „Handelskriegen". Im Rahmen des **Allgemeinen Zoll- und Handelsabkommen** (GATT) wurde 1994 u. a. vereinbart, bestehende Exportsubventionen um 30 % und produktionsfördernde Subventionen

16 Quelle: Deutscher Bauernverband

um 20 % zu reduzieren. Eine völlige Abschaffung von Stützungen soll das langfristige Ziel sein.

Nach der einkommensfördernden, aber Überproduktion verursachenden Agrarpolitik bis etwa 1978 versuchte die EU anschließend die Kostenexplosion in den Griff zu bekommen. Die wichtigsten Maßnahmen waren und sind:

- **1984–1988**: **Milchquotenregelung** (staatlich festgesetzte Höchstmengen) und geringere Garantiepreise besonders bei Getreide;
- **1988–1992**: bei Überschreitung von Produktionsschwellen sinken die festgelegten Preise im nächsten Jahr entsprechend, gleichzeitig Prämienzahlungen für **Flächenstilllegungen** und vorzeitiges berufliches Ausscheiden;
- **1992–1999**: Weitere **Senkung der Erzeugerpreise** um bis zu 30 %, Einkommensverluste werden durch Transferzahlungen ausgeglichen. Ziel: langfristig größere Wettbewerbsfähigkeit der europäischen Landwirtschaft;
- **Die Agenda 2000**: Weitere Reduzierung der Überschussproduktion durch Abbau bestehender Preisstützungen (z. B. Getreide, Rindfleisch), Steigerung der Konkurrenzfähigkeit für den Weltmarkt, stärkere Berücksichtigung von Umweltzielen, Sicherung angemessener Einkommen in der Landwirtschaft, Neuregelung des gesamten Finanzierungssystems zur Integration der Landwirtschaft der Beitrittsstaaten im Zuge der **EU-Osterweiterung**.

Am Beispiel der Weizenproduktion zeigt sich das Scheitern der letzten Reformen von 1992–1999: Prognosen sagen ein weiteres Anwachsen der Hektarerträge voraus, sodass trotz bestehender Flächenstilllegungsquoten pro Jahr ab 2005 mit massiver Überproduktion zu rechnen ist. Da dies außerdem bei weltweit steigenden Erträgen und zunehmender Produktion stattfinden wird, ist kaum zu erwarten, dass die subventionierte Ausfuhr beibehalten werden kann. Nach Meinung der Agrarexperten ist die Explosion der Überproduktion und Kosten nur durch eine starke Senkung der Getreidepreise zu erreichen. Diese Überlegungen gelten auch für andere Agrarbereiche.

Hochrechnungen ergeben **Einkommensverluste** beispielsweise bei deutschen Bauern je nach Produktion von rund 8 % (Viehhaltung zur Veredelung) bis zu ca. 23 % (Futterbau). Dafür steigt der Anteil der **direkten Zulagen** am Einkommen von rund 46 % (Getreide) bis ca. 82 % (Futterbau).

Konsequenterweise wird die Anzahl bäuerlicher Betriebe in Europa weiter sinken, es sei denn den Landwirten gelingt es, über Diversifizierung und ökologische Landwirtschaft, Direktvermarktung und Einstieg in touristischen Aktivitäten **Einkommensalternativen** zu schaffen. Die Anzahl der Nebenerwerbsbetriebe wird ebenso steigen wie die Durchschnittsgröße der Vollerwerbsbetriebe.

3 Strukturen der EU-Landwirtschaft

3.1 Wirtschaftliche Bedeutung und Betriebsstrukturen

Die volkswirtschaftliche Bedeutung der Landwirtschaft wird an zwei Indikatoren gemessen: der **Anteil** der im **landwirtschaftlichen Sektor Beschäftigten** (vgl. S. 32) gibt seine Beschäftigungsrelevanz an, der **Anteil** der Landwirtschaft an der **Bruttowertschöpfung** des jeweiligen Landes charakterisiert die eigentliche Bedeutung dieses Wirtschaftsbereiches.

Gesamtwirtschaftliche Bedeutung der Landwirtschaft in der EU 2004

Land	Anteil der Forst- und Landwirtschaft, Fischerei an der Bruttowertschöpfung in %	Land	Anteil der Forst- und Landwirtschaft, Fischerei an der Bruttowertschöpfung in %
EU (25 Länder)	2,0	Litauen	5,7
Belgien	1,4	Luxemburg	0,5
Tschechien	3,3	Ungarn	3,8
Dänemark	2,2	Malta	2,6
Deutschland	1,1	Niederlande	2,3
Estland	4,3	Österreich	1,9
Griechenland	5,6	Polen	2,9
Spanien	3,5	Portugal	3,9
Frankreich	2,5	Slowenien	2,5
Irland	2,5	Slowakei	4,1
Italien	2,5	Finnland	3,1
Zypern	3,8	Schweden	1,8
Lettland	4,1	Vereinigtes Königreich (UK)	0,8

In Industrie- bzw. in Dienstleistungsgesellschaften wie z. B. in Deutschland, Großbritannien, Belgien, Schweden und den Niederlanden liegt der Anteil der in der Landwirtschaft Beschäftigten unter 4 %, wohingegen insbesondere Portugal und Griechenland noch deutlich über 10 % aufweisen.

Der Anteil an der Bruttowertschöpfung ist nur in den südlichen Ländern Europas und bei exportorientierter Landwirtschaft (z. B. Niederlande) überdurchschnittlich. Vergleicht man die Bruttowertschöpfung je Hektar landwirtschaftlicher Nutzfläche (LNF), so werden die höchsten Werte um städtische Ballungsgebiete erreicht (Gemüse und Obst), aber auch in Gebieten mit intensiver Schweinezucht und Qualitätsweinbau. Beim **Betriebseinkommen** existiert ein deutliches Nord-Süd-Gefälle in Europa: in den stark marktorientierten Betrieben Belgiens, der Niederlande und Dänemark sowie Großbritanniens werden die Spitzeneinkommen erzielt, in den mediterranen Ländern mit oft kleinbetrieblicher Struktur sind sie deutlich niedriger.

Betriebsstrukturen

1996 gab es in der EU rund 7,3 Mio. Landwirtschaftsbetriebe: Frankreich und Spanien beanspruchten davon 44 Prozent der LNF, Italien und Spanien besaßen 51 Prozent aller Betriebe. Bei der Verteilung der Betriebsgrößen 2003 gibt es große Unterschiede:

Verteilung der Betriebsgrößen in der EU (2003)

Land	gesamt		Betriebe < 2 ha		Betriebe >100 ha	
	landwirtschaftl. genutzte Fläche (ha)	Anzahl der Betriebe	landwirtschaftl. genutzte Fläche (ha)	Anzahl der Betriebe	landwirtschaftl. genutzte Fläche (ha)	Anzahl der Betriebe
Belgien	1 394 400	54 940	7 440	7 410	245 050	1 700
Tschechien	3 631 550	45 770	13 380	17 050	3 239 010	4 160
Dänemark	2 658 210	48 610	480	620	1 373 210	7 680
Deutschland	16 981 750	412 300	24 770	29 100	8 195 610	28 300
Estland	795 640	36 860	10 080	7 510	451 540	1 090
Griechenland	3 967 770	824 460	342 340	391 530	287 170	1 520
Spanien	25 175 260	1 140 730	369 710	330 460	13 991 920	50 130
Frankreich	27 795 240	614 000	82 610	87 350	13 571 730	83 850
Irland	4 371 710	135 250	2 600	2 240	757 090	4 860
Italien	13 115 810	1 963 820	901 620	1 084 270	3 330 200	14 220
Zypern	156 380	45 200	20 590	31 740	28 720	160
Lettland	1 489 350	126 610	26 360	30 890	442 290	1 520
Litauen	2 490 960	272 110	51 990	34 270	653 230	2 070
Luxemburg	128 160	2 450	220	260	49 870	340
Ungarn	4 352 370	773 380	210 920	566 660	2 597 810	5 480
Malta	10 790	10 990	6 490	9 360	k. A.	k. A
Niederlande	2 007 250	85 500	11 560	11 360	306 270	1 770
Österreich	3 257 220	173 770	23 280	19 580	783 590	2 950
Polen	14 426 320	2 172 210	719 750	931 670	2 752 630	6 550
Portugal	3 725 190	359 280	173 370	173 690	1 991 690	5 650
Slowenien	486 470	77 150	20 740	17 270	29 650	70

Land	gesamt		Betriebe < 2 ha		Betriebe >100 ha	
	landwirtschaftl. genutzte Fläche (ha)	Anzahl der Betriebe	landwirtschaftl. genutzte Fläche (ha)	Anzahl der Betriebe	landwirtschaftl. genutzte Fläche (ha)	Anzahl der Betriebe
Slowakei	2 137 500	71 740	28 920	56 180	1 994 760	1 850
Finnland	2 244 700	74 950	1 130	1 850	316 140	2 260
Schweden	3 126 910	67 890	390	500	1 453 160	7 870
Vereinigtes Königreich	1 610 510	280 630	29 320	34 230	11 302 410	39 750

Hinsichtlich der Betriebsstrukturen gelten folgende Merkmale:

- Die relative Häufigkeit von **Großbetrieben** trifft für Länder mit großflächigem Getreideanbau (Frankreich) oder schon frühzeitig eingesetztem Strukturwandel (Großbritannien) zu.
- Dominanz der Kleinbetriebe ist v. a. im Mittelmeerraum zu verzeichnen.
- Relativ häufiges Vorkommen der Kleinbetriebe in Belgien und den Niederlanden (Unterglaskulturen) sowie in Österreich (hoher Bergbauernanteil).

3.2 Räumliche Differenzierung und Spezialisierung

Hinsichtlich der wichtigsten Erzeugnisse existieren in der EU-Landwirtschaft erhebliche Unterschiede:

- In weiten Teilen der **nördlichen EU** sind Milch und Rindfleisch aber auch Schweinefleisch die wichtigsten Agrarprodukte.
- Im **südlichen** Teil der EU überwiegen Obst-, Gemüse- und auch stellenweise Weinanbau.
- In der spanischen Meseta, weiten Teilen Frankreichs und im Südosten Englands dominiert der Getreideanbau.
- In städtischen Ballungsräumen (Berlin, Hamburg, Madrid u. a.) dominiert der Obst- und Gemüseanbau sowie die Geflügelhaltung.
- Die Weinerzeugung nimmt in Frankreich und auch in Teilregionen Deutschlands (z. B. Rheinland-Pfalz) einen besonderen Stellenwert ein.

Die Milchviehhaltung dominiert im nördlichen Bereich der EU

Wird die Nutzung der Landfläche nach Hauptkategorien verglichen, erkennt man folgende Schwerpunkte: den höchsten Anteil an **Dauerkulturen** verzeichnen die Mittelmeerländer, hohe **Ackerlandanteile** liegen in Skandinavien und Mitteleuropa vor, wohingegen **Grünland** klimatisch- und reliefbedingt in Westeuropa und im Alpenraum vorherrscht.

Vergleicht man die Anteile der **pflanzlichen** und **tierischen Produktion** an der gesamten Agrarproduktion ergibt sich in Europa eine klare Nord-Süd-Teilung: in Frankreich und in den mediterranen Ländern beträgt der Wert der pflanzlichen Produktion über 50 %, in den nördlicheren Ländern hingegen liegt der Schwerpunkt bei der tierischen Produktion (über 50 %).

Die **Spezialisierung** innerhalb der Landwirtschaft Europas ist auf verschiedene Gründe zurückzuführen. Natürliche Abhängigkeiten sind vor allem beim Anbau von Wein und Zitrusfrüchten (Klimagunst), aber auch beim Gerste- und Zuckerrübenanbau (Klimaungunst) ausschlaggebend. Bei Frischgemüse können Klimagunst und spezielle Techniken (Unterglaskulturen in den Beneluxstaaten) Ursachen von Spezialisierung sein. Die tierische Produktion wird viel stärker von nicht natürlichen Faktoren, wie Kapitaleinsatz, Verkehrslage, Absatzmarkt und Verbraucherverhalten beeinflusst. Im Selbstversorgungsgrad spiegelt sich die Spezialisierung auf bestimmte Produkte in der europäischen Landwirtschaft wider (1996):

• Wein:	Portugal:	153 %	Spanien:	149 %	Deutschland:	46 %
• Frischgemüse:	Portugal:	156 %	Spanien:	139 %	Deutschland:	42 %
• Rindfleisch:	Irland:	1 238 %	Dänemark:	190 %	Deutschland:	126 %
• Geflügelfleisch:	Dänemark:	230 %	Niederlande:	193 %	Deutschland:	60 %

4 Merkmale und Probleme der Intensivlandwirtschaft

4.1 Massentierhaltung am Beispiel der Geflügelfleischerzeugung in Südoldenburg

In Südoldenburg/Niedersachsen erfolgte seit den 50er Jahren ein in Deutschland beispielloser **Konzentrationsprozess regionaler** und **sektoraler Art**. Hier entwickelte sich ein europäisches Zentrum der Schweine- und Geflügelhaltung sowie der Eierproduktion.

In diesem, durch günstige Verkehrsbedingungen geprägten Raum (Haupteisenbahnstrecken, Mittellandkanal mit Zugang zu Überseehäfen) trat nach dem 2. Weltkrieg auf der Basis bestehender Schweine- und Kälbermast ein enormer Aufschwung ein. Die Tierbestände stiegen bis in die 80er Jahre explosionsartig an (z. B. Legehennenbestände im Landkreis Vechta: 1960: 250 000; 1990: 5,9 Mio.). Dafür waren und sind folgende Aspekte maßgeblich:

- Die steigende Nachfrage nach Fleisch mit wachsendem Wohlstand;
- Unbegrenzte Einfuhrmöglichkeiten an Futtermitteln aus Übersee;
- Verbesserung der Infrastruktur und Spezialisierung der Betriebe;
- Konsequente Nutzung von technischen Innovationen (siehe unten);
- Ausgeprägter Konzentrationsprozess (z. B. ging die Anzahl der Legehennenhalter im Landkreis Vechta von 6 244 (1960) auf 328 (1994) zurück);
- Das Aufkommen agroindustrieller Unternehmen mit vertikaler Integration;
- Entwicklung von Verbundsystemen in der Agrarwirtschaft.

Die beiden letzten Punkte müssen näher betrachtet werden, da sie stellvertretend für die Entstehung der **Agroindustrie** in der europäischen Landwirtschaft stehen. Eine industrielle agrare Produktion erfüllt folgende Kriterien:

- Standardisierte Massenproduktion;
- Übernahme technischer Verfahren (z. B. computergesteuerte Fütterung und Entsorgung) und wissenschaftlicher Innovationen (z. B. Hybridzüchtungen bei Pflanzen und Tieren, Hochleistungsfutter, Medikamenteneinsatz);
- Hoher Kapital- und Energieeinsatz;
- Extreme Spezialisierung mit sektoraler und regionaler Konzentration;
- Betriebsfremde Lohnarbeitskräfte.

Die agroindustriellen Unternehmen besitzen eine Managementhierarchie mit betriebswirtschaftlicher und technischer Abteilung. Neben der Technisierung dieser Großbetriebe treten als weitere typische Merkmale die so genannte vertikale Integration und das System der Vertragslandwirtschaft hinzu. Die folgende Darstellung eines Produktionsverbundes zeigt diese Strukturen.

Produktionsverbund in einem vertikal integrierten Unternehmen (Geflügelfleisch)

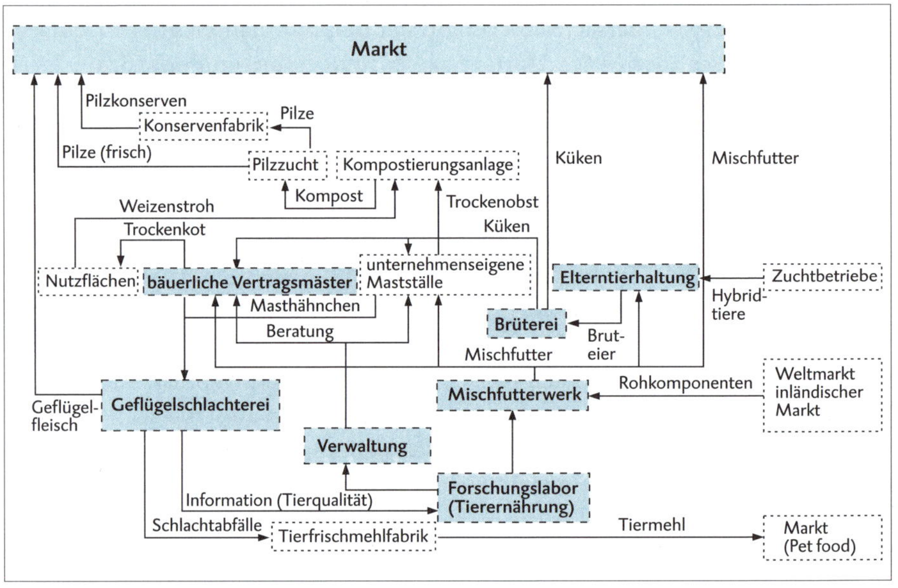

Unter **vertikaler Integration** versteht man die aufeinander folgenden Stufen eines Produktionsablaufes (hier: Elterntierfarm, Brüterei, Mästerei, Schlachtung, Vermarktung), die in einem Unternehmen verknüpft sind.

Vertragsmäster werden als Subunternehmer in den Produktionsablauf eingebunden. Sie erhalten Beratung und Belieferung mit Futter und produzieren nach genormten Bedingungen.

Der Automatisierungsgrad (z. B. Mischfutterwerk) ist deutlich ausgeprägt, die innerbetriebliche Qualitätskontrolle von Futter und Fleisch ist auf dem neuesten Stand der Technik (Forschungslabor, internes Informationssystem). Man kann die starke Marktanbindung (Belieferung und Absatz) erkennen, wobei bemerkenswert ist, dass neben dem Hauptprodukt Geflügelfleisch auch Abfallstoffe (Trockenkot für Pilzzucht, Schlachtabfälle als Tierfutter) aufbereitet und vermarktet werden, was zur Diversifizierung der Produktpalette führt.

Um Produktions- und Lieferengpässe zu vermeiden, sind bei derartigen Dimensionen gute Verkehrsanbindungen wichtig (leistungsfähiges Straßensystem, Bahnanschluss für Massengüter) sowie die Nähe zu vor- und nachgelagerten Betrieben zur Verarbeitung, Lagerung und Service. Gleichzeitig wird die

Ackernutzung konsequent auf die Bedürfnisse der Tierproduktion abgestellt (Dominanz von Mais und Gerste). Wegen Landknappheit besteht oft die Notwendigkeit, Futter zuzukaufen, das durch Verträge mit anderen Klein- und Mittelbetrieben beschafft wird. So kann man als eine weitere Folge der Intensivlandwirtschaft regional die maschinengerechte Umgestaltung der Flur für Getreidemonokulturen erkennen. 1991 betrug der Anteil an der LNF im Landkreis Vechta bei Gerste bereits 15,3 % und bei Mais 35,2 %!

Fördernden Einfluss auf diesen Industrialisierungsprozess hatten und haben außerdem:

- Forschung (agrartechnische Erfindungen) und Beratung (z. B. durch Landwirtschaftskammern und Futtermittelwerke);
- Konzentrationsprozesse in Nahrungsmittelindustrie und -handel (Entstehung von Handelsketten mit einheitlichen Ansprüchen an Qualität und großen Liefermengen);
- Agrarpolitische Entscheidungen (z. B. steuerliche Begünstigungen von Großbetrieben).

4.2 Ökologische Probleme

Die Intensivlandwirtschaft und Massentierhaltung muss sich seit den 80er Jahren verstärkt mit ihren negativen Folgen auseinandersetzen. Die wichtigsten negativen Auswirkungen sind:

- hoher Anfall an tierischen Exkrementen und Gülle sowie deren Entsorgung;
- Auftreten epidemischer Tierkrankheiten (z. B. Schweinepest, MKS) in Großbeständen;
- Kritik an der Art der Tierhaltung (z. B. nicht artgerechte Käfighaltung);
- Einsatz von umstrittenen Futterzusatzstoffen und Medikamenten (z. B. Hormone, Tiermehl) bzw. Pestizide bei Feldkulturen mit entsprechenden Rückständen in Lebensmitteln;
- Entstehung von Monokulturlandschaften mit sinkender Anzahl der Kulturpflanzen und Zunahme der Erosion;
- Zerstörung traditioneller Strukturen (Aufgabe und Verfall mittlerer und kleinerer Bauernhöfe).

Seit den 90er Jahren versucht die Intensivlandwirtschaft, auf den öffentlichen Druck zu reagieren, denn infolge steigender Mengen an Gülle und Mineraldünger wuchs der durchschnittliche Überschuss an Stickstoff im Boden von 10 kg/ha (50er Jahre) auf etwa 100 kg/ha zu Beginn der 90er Jahre an und der Nitratgehalt des Grundwassers erreichte gesundheitlich bedenkliche Werte.

Gesetzliche Reaktionen waren Gülle- und Düngeverordnungen, die die Mengen pro Fläche, den zeitlichen Einsatz im Laufe eines Jahres und Kontrollen des Nährstoffgehaltes regeln. Eine artgerechte Tierhaltung soll mit der Verschärfung der Haltungsregeln erreicht werden: z. B. werden ab 2002 europaweit strengere Richtlinien zur Käfighaltung bei Legehennen eingeführt.

Die Kritik an der **Intensiv- und Massentierhaltung** verschärfte sich in den 90er Jahren, als in Großbritannien das Ausmaß der Rinderkrankheit BSE alle bisher aufgetretenen Verluste durch Tierseuchen übertraf. Das Übergreifen des **BSE-Krankheitserregers** (Rinderwahnsinn) auf den Kontinent sowie der Ausbruch der **Maul- und Klauenseuche** (MKS) und ihre Verbreitung in Europa in den Jahren 2000 und 2001 verdeutlichte drastisch die problematischen Aspekte der Intensivlandwirtschaft:

- Infektionskrankheiten breiten sich infolge beengter Tierhaltung rasch aus;
- Die Produktion von nicht natürlichem Tierfutter (Tiermehl zur Verwendung als Mastfutter) kann die Ausbreitung von Krankheiten begünstigen;
- Die europaweite, grenzüberschreitende Vertragslandwirtschaft verursacht stark zunehmende Tiertransporte und beschleunigt die Erregerverbreitung; z. B. beliefern englische Firmen deutsche Landwirte zur Aufzucht mit Ferkeln. Diese werden nach 16 Wochen Mast von der gleichen Firma wieder zurückgenommen und zum Verkauf in Europa weiter transportiert.

Das finanzielle Ausmaß der Seuchen ist zurzeit noch nicht abzuschätzen. Hunderttausende von Tieren mussten vernichtet werden. Die betroffenen Landwirte sind auf massive staatliche oder europäische Hilfe angewiesen. In Großbritannien gaben seit 1990 rund 100 000 Landwirte ihre Betriebe auf. Fest steht, dass das Vertrauen in die **konventionelle Landwirtschaft** durch diese Ereignisse massiven Schaden genommen hat.

5 Die ökologische Landwirtschaft – eine Alternative?

Die Idee alternativer landwirtschaftlicher Produktion ist nicht neu und stammt bereits aus den 20er Jahren des 20. Jhs. Ihre Aktualität verdankt sie den Mängeln konventioneller Produktion und den Strukturen der EU-Landwirtschaft mit daraus resultierender Überproduktion und Vernichtung der Überschüsse.

Die ökologische Landwirtschaft zerfällt allein in Deutschland in mindestens neun Verbände. Die wichtigsten Gruppierungen sind der **biologisch-dynamische** Landbau (mit homöopathischen Wirkstoffen und astronomischen Aspekten), der **organisch-biologische Landbau** (nur natürliche Hilfsmittel bei ökologischer Stabilität der Betriebe) und der **naturgemäße Landbau** (geringer Energieaufwand, standort- und artgerechte Pflanzen- bzw. Tierproduktion).

Das Prinzip des ökologischen Landbaus

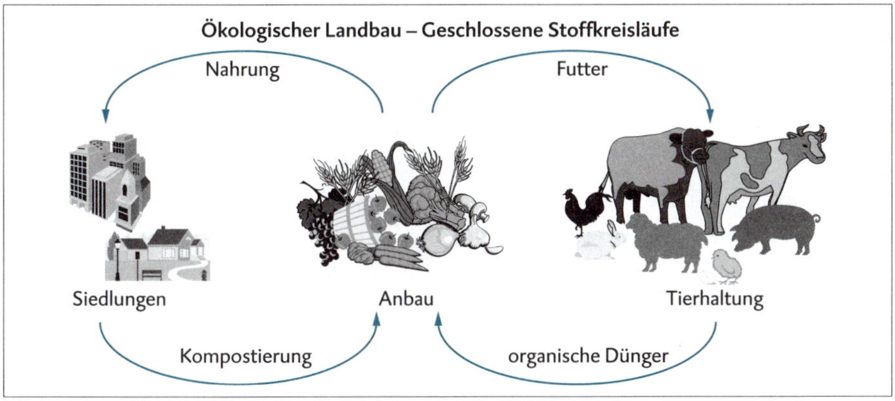

Kennzeichen der ökologischen Landwirtschaft:

- Möglichst geschlossene Kreisläufe bei Nährstoffen und Mitteleinsatz;
- Niedriger Düngeraufwand, Nutzpflanzen bekommen ihre Stickstoffversorgung durch Leguminosen und durch Verwendung von betrieblichen Wirtschaftsdüngern (Kompost);
- Kein Einsatz von Mineraldünger und chemischen Pflanzenschutzmitteln: Wildkräuter und Ungeziefer werden durch Bodenbearbeitung und nach Möglichkeit ganzheitlich bekämpft („Nützlinge" bekämpfen „Schädlinge", geeignete Fruchtfolgen, gemischter Anbau von Pflanzen usw.);
- Vielseitige Bodennutzung, keine Monokulturen, Futterpflanzen und Leguminosen sind stark vertreten;
- Das Ziel ist die nachhaltige Fruchtbarkeit des Bodens, deshalb wird auf Ausgewogenheit zwischen **Boden erschöpfenden** und **Boden verbessernden** Pflanzen geachtet;
- Geringerer Tierbesatz als in herkömmlichen Betrieben, kein Zukauf von Futtermitteln sondern Bindung an die Betriebsfläche, möglichst geschlossener Kreislauf von Nährstoffen.

Bei der **Tierhaltung** und **-produktion** kommen folgende Aspekte hinzu:

- Artgerechte Haltung (Auslauf, Stallbelegung, Nahrung) geeigneter Rassen und dadurch Förderung der natürlichen Krankheitsresistenz der Tiere;
- Einsatz von pflanzlichen Heilmitteln (Ausnahmen im Notfall).

Diese Kriterien wurden in der EU-Ökoverordnung zur Erhaltung entsprechender Zertifikate für ökologisches Produzieren festgelegt.

In der EU[17] wurden 2003 25,5 Mio. ha ökologisch bewirtschaftet. Das entspricht einem Anteil von 3,4 % an der gesamten landwirtschaftlichen Nutzfläche. Spitzenreiter war Österreich mit 12,9 %.

Arbeiten die Betriebe nach der genannten Verordnung, werden sie von der EU finanziell gefördert, außerdem existieren innerhalb der einzelnen Länder Förderprogramme. Europaweit ist der ökologische Landbau absolut gesehen gering vertreten, er weist aber hohes Wachstum auf.

In Deutschland nahm die alternative Produktion ebenfalls sehr stark zu. 1960 wurden gerade mal 3 000 ha biologisch bewirtschaftet, im Jahr 2004 waren es bereits 734 000 ha, das sind 4,3 % der gesamten landwirtschaftlich genutzten Fläche. Schwerpunkte bilden die Bundesländer Mecklenburg-Vorpommern, Brandenburg, Hessen und Baden-Württemberg.

Die Attraktivität des Bioanbaus basiert auf den höheren Marktpreisen für die Erzeugnisse, auch wenn die Erträge geringer ausfallen. Vergleicht man beide Betriebstypen ergibt sich für 2002 bis 2005 in Bayern folgendes Bild:

Erträge und Erlöse im konventionellen und im ökologischen Landbau[18]

Konventionell	Erträge	Ökologisch
6 072	Milch (kg je Kuh)	5 397
61,3	Getreide (dt je ha)	39,4
336,5	Kartoffeln (dt je ha)	183,9
Konventionell	**Erlöse**	**Ökologisch**
0,34	Milch (€ je kg)	0,37
16	Getreide (€ je dt)	30,3
8,8	Kartoffeln (€ je dt)	31,2

Ökologisch wirtschaftende Landwirte erzielen demnach einen etwas höheren Gewinn. Zudem müssen die Fördergelder in Anrechnung gestellt werden. Problematisch erweist sich bei der Vermarktung der Ökoprodukte die Zersplitterung des Angebotes, die relativ geringen Angebotsmengen, die verstreute Lage der Betriebe und die unterschiedlichen Klassifizierungskriterien. Großabnehmer haben somit höhere Erfassungskosten als bei konventionellen

17 erfasst werden die 25 Länder nach der letzten Erweiterung (Mai 2004)
18 Quelle: nach Bayerisches Staatsministerium für Landwirtschaft und Forsten. Daten: jeweils 3-jähriger Mittelwert der Wirtschaftsjahre 2002/2003, 2003/2004 und 2004/2005

Produzenten. Deswegen gehen immer mehr Biobauern zur Direktvermarktung ab Hof oder auf Wochenmärkten über. Außerdem nimmt das Angebot biologisch erzeugter Waren in „normalen“ Einzelhandelsketten zu, abgesehen von bestimmten Ökohandelsmärkten, die sich ausschließlich auf den Vertrieb von Bioprodukten spezialisiert haben. Auch der Zusammenschluss von Betrieben zu Genossenschaften (z. B. Milch) bietet weitere Chancen, mit Großabnehmern zusammenzuarbeiten. Kritisch ist zu sehen, dass bei steigender Nachfrage verstärkt „Bio-Großbetriebe“ als Konkurrenz für die kleineren Betriebe auftreten und im Rahmen der Agenda 2000-Maßnahmen auch hier die Erzeugerpreise wohl sinken werden. Die ökologische Landwirtschaft kann als ein hoffnungsvoller Teilbereich gesehen werden, ihr Erfolg hängt aber stark von der Akzeptanz der Konsumenten ab.

6 Die Probleme der Bergbauern

Die Situation der europäischen Bergbauern soll am Beispiel Österreichs stellvertretend umrissen werden. Österreich hat mit 36 % aller Betriebe den höchsten Anteil an Bergbauern in der EU. Andere Länder mit bedeutenden Anteilen sind Italien (34 %) und Griechenland (28 %). Die Anzahl der **Bergbauernbetriebe** ist in Europa noch stärker rückläufig als die Gesamtzahl aller Betriebe. Sie wirtschaften unter erschwerten Bedingungen und sind damit gegenüber Betrieben im Flachland deutlich im Nachteil: steiles Relief, klimatische Nachteile (Wärmemangel, kurze Vegetationsdauer, hohe Niederschläge), Höhenlage bis 2 000 m, äußere und innere Verkehrslage (Marktanschluss bzw. betriebliches Wegenetz) schaffen Erschwernisse, die zu vergleichsweise höheren Betriebskosten führen (z. B. durch geringeren Maschineneinsatz).

In Österreich wurden diese Erschwernisse nach einem Punktesystem seit den 50er Jahren erfasst und den Bauern ein entsprechender Ausgleich in Form von Direktzahlungen durch Bund und Länder gewährt.

Der **österreichische Alpenraum** bildet für Europa die Zone, in der sich das Bergbauerntum am längsten halten konnte. Das Erscheinungsbild hat sich aber auch hier stark verändert. Der Strukturwandel setzte deutlich später ein, denn
- das auf Selbstversorgung zielende Betriebssystem konnte sich bis in die 50er Jahre halten,
- die österreichische Agrarpolitik unterstützt bis heute die Klein- und Mittelbetriebe und damit besonders die Bergbauern, vor allem wenn sie ökologisch produzieren,

- mit der Mechanisierung wurden die Gunstlagen zunehmend für Futteranbau verwendet (Österreich: 90 % der alpinen Nutzfläche sind heute Grünland), die steileren **Grenzertragsböden** unterliegen einer Vergrünlandung bzw. Verbuschung, andere Ackerkulturen spielen kaum noch eine Rolle,
- die so genannten **Staffelsysteme** (gemeint ist eine kombinierte Nutzung verschiedener Höhenlagen im Laufe eines Jahres: Tallage mit Ställen, Äckern und Wiesen, Waldlage mit Weiden und Wiesen, Hochweiden (Almen) für die reine Sommernutzung) verfallen. Grund sind die hohen Personal- und Bearbeitungskosten. Durch die österreichische Milchquotenregelung verloren die Kuhalmen an Bedeutung. Die Almen werden fast nur noch zur Aufzucht von Jungvieh verwendet.

Almenwirtschaft zwischen Tradition und Moderne

Mit dem Beitritt Österreichs zur EU verschärfte sich trotz der EU-Bergbauernförderung die Einkommenssituation der Bergbauern, die Anzahl der Betriebe sank. Die nebenbetrieblichen Einnahmen (Tourismus, direkte Fördergelder) werden immer wichtiger. Durch den zu erwartenden bäuerlichen Rückzug aus dem Alpenraum entsteht eine Reihe von Folgeproblemen:

- **Destabilisierung** der **Ökosysteme** durch Flächenstilllegungen (Zunahme von Naturkatastrophen durch Mobilisierung der Erdkrume) und **Monotonisierung** der Landschaft (Verwaldung)
- Rückgang der bäuerlichen Bevölkerung und Kultur sowie die **Entleerung** weiter Räume.

Folglich ist das Bergbauerntum mit den öffentlichen Aufgaben der **Landschafts**- und **Ökotoppflege** eng verbunden. Dies führte zu Überlegungen, die Landwirte für ihre umweltpflegerischen Aktivitäten direkt zu entlohnen und ihr Überleben in Verbindung mit einer ökologischen Produktionsweise zu sichern. Dieser Aspekt gewinnt auch europaweit immer mehr an Bedeutung.

7 Die Landwirtschaft des Mittelmeerraumes

7.1 Typische Kennzeichen der mediterranen Landwirtschaft

Die wesentlichen Faktoren für die mediterrane Landwirtschaft sind **klimatischer Art**: die ausgeprägte Sommertrockenheit – besonders im Süden – stellt die limitierende Größe für den Regen- bzw. Trockenfeldbau dar. Beispielsweise unterliegen die Anbaugebiete von Weizen, Wein, Zitrusfrüchten und Oliven einer Sommertrockenheit von etwa 4 bis 6 Monaten. Die relativ hohen Temperaturen im Jahresgang müssen jedoch auch positiv beurteilt werden, denn durch sie existiert im Mittelmeerraum eine lange, im äußersten Süden fast ganzjährige Vegetationsperiode.

Die **Bodenfruchtbarkeit** ist gering einzustufen, zumal sich wegen des relativ großen Anteils an Gebirgen mit hoher **Reliefenergie** ein Großteil des Raums der betroffenen Staaten für Landwirtschaft nur wenig eignet. Erschwerend kommt in einigen Gebieten mit kalkhaltigen Böden deren Wasserarmut hinzu. Diese Karstregionen können nur durch eine extensive Weidewirtschaft genutzt werden (Schafe und Ziegen). Als wenige Gunstgebiete gelten die Beckenlandschaften der größeren Flüsse (z. B. Poebene) und die schmalen Küstenebenen, da sie fruchtbare Schwemmböden besitzen.

Die Landwirtschaft besitzt in den Ländern des Mittelmeerraumes hinsichtlich Beschäftigung und BIP-Beitrag noch eine überdurchschnittlich große Bedeutung. Wichtiger als Durchschnittswerte sind aber regionale Unterschiede. So wird z. B. in Spanien der Durchschnittswert von 8,6 % Beschäftigten im Primären Sektor in 32 von 48 Provinzen weit übertroffen: in Südwest-, West- und Südost-Spanien werden sogar Werte über 30 % erreicht. Gleiches gilt für Italien, in dessen Südprovinzen die Anteile zwischen 12 und 20 % liegen (Landesdurchschnitt: 6,7 %). Entsprechend hoch sind die prozentualen Anteile, die die Landwirtschaft in diesen Regionen am BIP besitzen: z. B. rund 10 % im süditalienischen Apulien bei ca. 2,7 % für Gesamtitalien (alle Daten für 1996).

Eine weitere Besonderheit betrifft die agrarischen Haupterzeugnisse: die Bedeutung der Pflanzenproduktion spiegelt sich besonders im Obst- (Äpfel,

Zitrusfrüchte) und Gemüseanbau wider. Spanien und Italien allein vereinigen zusammen etwa die **Hälfte der Gemüseproduktion** und rund **zwei Drittel** der **Tafelobsterzeugung** Europas.

Junge Zitrusanlagen in der Piana di Sibari (Kalabrien) in Süditalien

Nimmt man stellvertretend für Gemüse die Tomatenproduktion, so zeigt sich allerdings, dass die mediterrane Landwirtschaft deutlich weniger Erträge abwirft als die Landwirtschaft nördlich der Alpen: dort werden Hektarerträge von über 150 t erzielt, während im Mittelmeerraum maximal 75 t erreicht werden. Ursache ist der höhere Einsatz von Dünger und der Gegensatz von Unterglas- und Freilandkulturen.

Schließlich ist die Mittelmeerregion führend bei der **Weinerzeugung**. Alle Mittelmeerländer der EU produzieren 59 % der europäischen Produktion. Zusammen mit Frankreich, dem zweitgrößten europäischen Weinhersteller, stammen 88 % des EU-Weines aus Italien, Frankreich und Spanien.

Neben Naturfaktoren und Produktionsausrichtung stellen agrarsoziale Verhältnisse eine weitere mediterrane Besonderheit dar. Man spricht hier von einem **agrarsozialen Dualismus**. Er prägt vor allem das westliche Mittelmeergebiet, ist aber auch in Italien anzutreffen. Gemeint ist damit der Gegensatz einer großen Anzahl von Kleinbetrieben (Minifundien) und einer geringen Anzahl von Großbetrieben (Latifundien), wobei die Latifundien einen erheblichen Prozentsatz der landwirtschaftlichen Nutzfläche auf sich vereinigen und somit in Spanien und Portugal ein hoher Anteil des Landes von relativ wenigen Großgrundbesitzern verwaltet wird. Diese Verhältnisse variieren je nach Naturbedingungen und historischen Prozessen.

Flächenanteil landwirtschaftlicher Betriebsgrößenklassen nach Regionen

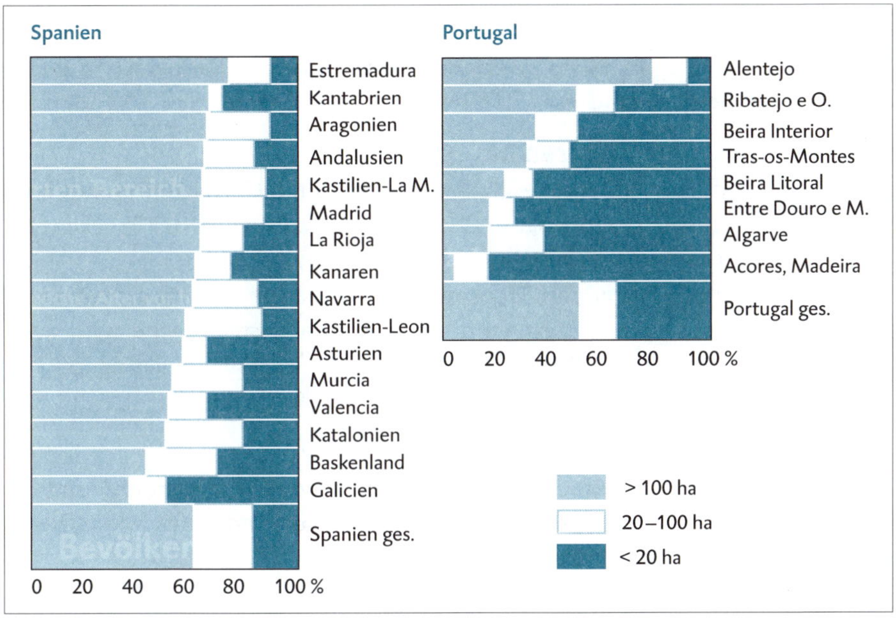

In Spanien sind vom Großgrundbesitz besonders die südwestlichen und zentralen Regionen geprägt, da durch die mittelalterliche Rückeroberung ehemals maurischen Landes der Bodenbesitz neu verteilt wurde. In Italien kann man diesen Gegensatz vor allem in den Südprovinzen registrieren. Erschwerend kommt in diesen Regionen die hohe Arbeitslosenrate hinzu, die zwischen 15 bis über 30 % betragen kann.

Zusammenfassend kann man sagen, dass die Probleme der Landwirtschaft in ihrer **relativ geringen Leistungsfähigkeit**, dem **agrarsozialen Gegensatz** und in der **starken nationalen Konkurrenz** bei typischen mediterranen Produkten liegen. Überfällig ist eine umfassende Agrarreform, aber bereits eine Bodenreform war aus politischen Gründen nur sehr schwer durchzusetzen und blieb in den Anfängen stecken. Durch Strukturmaßnahmen wird seitens der nationalen Regierungen und der EU-Regionalfonds versucht, die Landwirtschaft zu intensivieren: Flurbereinigung, Zusammenschlüsse zu Produktionsgenossenschaften, Förderung der Marktanbindung, finanzielle Hilfen, Schaffung von Infrastruktur (Wegebau und Bewässerungsmaßnahmen) sind nur einige von vielen Möglichkeiten, um den Kleinbauern zu helfen. Trotzdem sind Betriebsaufgaben an der Tagesordnung.

7.2 Traditionelle Anbaumethoden und Innovationen

Der Trockenfeldbau mit Wechsel-, sowie mit Dauerkulturen und der Bewässerungsfeldbau sind im Mittelmeerraum weit verbreitet. Kennzeichen dieser traditionellen Formen sind:

Trockenfeldbau mit Wechselkulturen

- Anpassung an das winterliche Wasserangebot durch Getreidearten mit kurzer Wachstumsphase (Aussaat im Herbst, Ernte zu Beginn der Trockenzeit, vor allem Weizen und Gerste;
- Einschaltung von Jahren mit Trockenbrache, in denen der Winterregen z. T. als Bodenfeuchte gespeichert wird; anstelle von reiner Brache wird auch Baumwolle angebaut, da deren Wasserbedarf vergleichsweise gering ist;
- In dieser Form heute meist auf Großgrundbesitz betrieben.

Trockenfeldbau mit Dauerkulturen

- Traditionelle Pflanzen sind der Ölbaum (Oliven zur Ölgewinnung) und die Weinrebe, die beide durch geringen Wasserbedarf und tiefes Wurzelwerk gut an die Trockenheit angepasst sind;
- Beide Pflanzen können in **Monokulturen** vorkommen (v. a. in Andalusien), werden aber häufig von Kleinbauern/-pächtern zusammen mit Getreide und Gemüse im Stockwerkanbau kleinparzellig angebaut („cultura mista“).

Zweistöckige Mischkultur, Öl- und Zitrusbäume in Apulien

Bewässerungsfeldbau

- Niederschlagsunabhängiger Feldbau unter Ausnutzung der langen Vegetationsperiode;
- Mehrere Ernten pro Jahr bei relativ wenig Nutzungsfläche (z. T. Gartenbau);

- Sehr breite Anbaupalette bei den Nutzpflanzen;
- Arbeits-, kapital- und ertragsintensive Wirtschaftsform;
- Vorkommen in Flussbecken und Küstenhöfen (z. B. „Huertas“ in Spanien);
- Ableitung von Flusswasser mit einem System von Dämmen und Bewässerungskanälen, die die Felder mittels Überstau- und/oder Furchenbewässerung mit Wasser versorgen,
- Wassergewinnung aus Brunnen mit hoch anstehendem Grundwasser;
- Traditioneller Anbau oft mit Mischkulturen.

Neben der **Bewässerungsinfrastruktur** (Bewässerungskanäle, Entwässerungskanäle zur Vermeidung von Stauwasser/Versalzung) prägt auch ein dichtes **Verkehrsnetz** zum raschen Transport verderblicher Ware die traditionellen Gebiete wie z. B. die „Huerta von Murcia“ an der Südost-Küste Spaniens.

Innovationen

Innovationen im **Trockenfeldbau** zeigten sich in Spanien in der Verdrängung der Baumwolle als Brachfrucht durch die Sonnenblume. Ursache dieses Vorgangs war zum einen der Preisverfall bei Baumwolle auf dem Weltmarkt und zum anderen das Aufkommen von Vertragsanbau. Industrieunternehmen setzten Sonnenblumenöl als günstige Alternative auf dem Markt durch. Durch Lieferverträge mit den Firmen konnten die Landwirte ihr Einkommen sichern.

Zu den Veränderungen im **Bewässerungsfeldbau** gehört beispielsweise die so genannte **Tröpfchenbewässerung**. Dabei wird der Pflanze durch Schläuche das Wasser dosiert in den Wurzelbereich geliefert. Die Wasserersparnis ist wegen der geringeren Versickerung und Verdunstung erheblich und die Versalzungsgefahr wird minimiert. Dem Wasser kann bei Bedarf Dünger beigemischt werden, außerdem wird das Vordringen in steileres Gelände erleichtert.

Eine weitere Veränderung stellt die **Wasserspeicherung** in Stauseen in humiden Regionen und der Transfer in aride Zonen dar. Ein Musterbeispiel ist in Spanien die Wasserüberleitung vom Tajo zum Segura mittels eines Kanal- und Rohrsystems über mehrere hundert Kilometer.

Hinzu kommt die Einführung unbeheizter **Plastiktreibhäuser**, so kann auch an Wintertagen durch Sonneneinstrahlung die nötige Wärme erreicht werden und der europäische Markt mit Frühgemüse beliefert werden. Oft wird dieses Vorgehen mit den so genannten eingesandeten Kulturen gekoppelt, bei denen die Pflanzen in eine gedüngte, Wärme speichernde und Verdunstung reduzierende Sandschicht gepflanzt werden. Beide Methoden sind – anders als die Tröpfchenbewässerung – nicht kapital-, aber arbeitsintensiv und eignen sich daher gut für Kleinbetriebe.

Die Vorteile der **Bewässerung** haben zu ihrer starken Ausdehnung im Laufe des 20. Jh. geführt. Dieser Prozess dauert heute noch an, wobei sie immer stärker von den Küstenregionen in das Landesinnere wandert. In der spanischen Nordmeseta dient sie v. a. zur Ertragssteigerung bei Zuckerrüben. Ermöglicht wurde dies durch staatlichen Stauseenbau, aber besonders durch die private Brunnenbewässerung mit Motorpumpen zur Förderung von Grundwasser aus bis zu 250 m Tiefe. Hier zeigen sich aber auch die Grenzen der Bewässerung, denn trotz Wassergaben können wegen der hier deutlichen Winterkälte keine Mehrfachernten erzielt werden. Neben diesen ökonomischen Fragwürdigkeiten ergaben sich zwei ökologische Hauptprobleme:

- Zunehmende **Bodenversalzung** beim Einsatz des Tiefenwassers;
- **Übernutzung** der Ressource Wasser: nach einiger Zeit fallen die flacheren Brunnen trocken und müssen tiefer gelegt werden.

Auch in küstennahen Bewässerungsarealen tritt oft eine Übernutzung des Grundwassers ein, mit der Folge, dass in die Grundwasserkörper Meerwasser eindringt und das nun geförderte Wasser hohe Salzmengen aufweist und zur Versalzung der Flächen führt.

8 Landwirtschaft in den osteuropäischen Ländern

Die Landwirtschaft in den ehemals sozialistischen Ländern befindet sich seit dem Fall des Eisernen Vorhangs im Übergang zur marktwirtschaftlichen Produktion und muss sich gleichzeitig den EU-Rahmenbedingungen stellen. Im Zuge der Sozialisierung entstanden in diesen Ländern drei Betriebsformen: die **kollektive Landwirtschaft** (landwirtschaftliche Produktionsgenossenschaften, LPG), **Staatsgüter** und **private Betriebe**. Die nachfolgende Tabelle zeigt für einige Länder die prozentuale Aufteilung der LNF auf diese Betriebsformen vor und nach dem Zerfall der Sowjetunion. Polen stellt eine Ausnahme dar, da seine Landwirtschaft aufgrund besonderer politischer Entwicklungen nur zum geringen Teil kollektiviert wurde.

Landwirtschaftliche Betriebsformen vor und nach der Reform[19]

Land	Staatsbetriebe 1989	LPG 1989	Privatbetriebe 1989	Staatsbetriebe 1995	Agrargenossenschaften 1995	Privatbetriebe 1995
Polen	19	4	77	18	4	78
Tschechien	38	61	1	16	66	18
Ungarn	14	80	6	7	35	38

Die durchschnittlichen **Betriebsgrößen** haben sich innerhalb weniger Jahre stark verändert. Für Tschechien sieht der jüngere Wandel z. B. wie folgt aus:

Durchschnittliche Betriebsgrößen

Betriebsformen	1989	1996
Staatsgüter	6 259 ha	732 ha
Genossenschaften	2 577 ha	1 415 ha
Private Betriebe	4 ha	35 ha

Staatsgüter und LPGen wurden nach 1989 oft in kleinere Einheiten zerlegt bzw. Teile davon in private Betriebe umgewandelt. Teilweise wurden die LPGen in Agrargenossenschaften westlichen Typs umgewandelt. In der ersten Phase nach der Wende führte die **Transformation** (Übergang zur Marktwirtschaft) bei vielen Erzeugnissen zunächst zu Preisverfall und Produktionsrückgang (besonders bei Fleischprodukten), da die Realeinkommen in den Ländern sanken. Außerdem brachen die Exportmöglichkeiten in die anderen Ostblockländer (v. a. in die ehemalige UdSSR) zusammen. Ab Mitte der 90er Jahre zeichnete sich auf niedrigem Niveau ein Aufschwung ab.

Der Transformationsprozess bietet der Landwirtschaft in Osteuropa Chancen, stellt sie aber auch vor erhebliche Risiken. Hier muss zwischen Klein- und Großbetrieben differenziert werden. Am deutlichsten zeigt sich dies am Beispiel **Polens**. Hier lag die durchschnittliche Betriebsgröße 1996 bei nur 7,51 ha (EU: 17,5 ha), 55,5 % aller Betriebe besaßen weniger als 5 ha. Die Landwirtschaft ist unproduktiv (ca. ein Fünftel aller Erwerbstätigen Polens, aber nur ein BIP-Beitrag von ca. 8 %), zwei Drittel der Betriebe stehen am Rande des Ruins.

Durch den freien Wettbewerb, den billigen Agrarimporten, den Wegfall gesicherter Absatzmärkte und dem allgemeinen Preisverfall werden die Schwä-

19 Quelle für beide Tabellen: nach geographie heute, Heft 178, 2000, S. 8–11 und S. 22–25

chen der **Kleinbetriebe** und ihrer unrentablen Produktion offensichtlich. Zu geringe Besitzgrößen, ausgeprägter Kapitalmangel, kaum Mechanisierung und geringer Einsatz von Dünger und Pestiziden führen zu geringen Erträgen und Einnahmen. Die Folgen sind zunehmend Aufgabe und Verkauf von Betrieben sowie die Abwanderung aus der Landwirtschaft. Der Beitritt zur EU eröffnet jedoch auch Chancen, durch

- Zugang zu neuen Absatzmärkten (EU-Binnenmarkt),
- Abnahme- und Preisgarantien bei bestimmten Produkten,
- Quotenregelungen bei bestimmten Produkten,
- Prämienzahlungen bei Flächenstilllegungen.

Diese Vorteile werden aber in aller Regel nur **Großbetriebe** nutzen können. Ihre relativ niedrigen Produktionskosten, die hohe Produktion bei garantierten Preisen, ein hohes Flächenreservoir für Flächenstilllegungen, bessere Voraussetzungen zur weiteren Intensivierung (Zugang zu Kapital), geringere Löhne innerhalb Europas und ihr besserer Zugang zu Absatzmärkten lassen sie in Europa konkurrenzfähig erscheinen. Auch die Chancen zur Betriebsvergrößerung sind günstig, da Land billig zugekauft werden kann.

Mit den neuen EU-Ländern und den Beitrittskandidaten Rumänien und Bulgarien kamen bzw. kommen rund 9,5 Mio. landwirtschaftliche Erwerbspersonen neu hinzu, was etwa einer Verdopplung der Anzahl der Erwerbspersonen entspricht. Der Primäre Sektor weist in Ländern wie Polen, Lettland und Litauen hohe Anteile am Gesamterwerb auf (vgl. S. 32). Die landwirtschaftliche Nutzfläche nimmt um etwa die Hälfte zu. Zwar ist auch die Anzahl der Verbraucher um rund 105 Mio. gewachsen, jedoch beträgt deren durchschnittliche Pro-Kopf-Kaufkraft gerade mal ein Drittel jener der Verbraucher aus der früheren EU-15.

Vergleicht man die Leistungsfähigkeit der Landwirtschaft der neuen osteuropäischen EU-Mitglieder mit der früheren EU, stellt man fest, dass sie deutlich niedriger ist. Dies gilt für die tierische wie für die pflanzliche Produktion (z. B. Weizenertrag pro ha 2004: Polen 42,8 dt, Deutschland 81,7 dt).

Die neuen EU-Mitgliedsstaaten und die **Beitrittsländer** benötigen dringend **Strukturhilfen** (Beratung, Kreditbeschaffung), damit zumindest ein Teil der Klein- und Mittelbauern weiter produzieren kann. Die Kosten für Strukturhilfen, regionale Entwicklung, Preisstützung und Abnahmegarantien nach dem bestehenden System drohen den EU-Haushalt jedoch zu sprengen, zumal mit einer deutlichen Steigerung der Produktionsleistung und somit weiterer Überproduktion zu rechnen ist. Auch dies veranlasste die EU, als tief greifende Reform die Agenda 2000 einzusetzen.

Industrielle Strukturen und ihr Wandel

1 Entwicklung der industrieräumlichen Struktur

In Europa nahm die Industrialisierung ihren Anfang. Vor allem in West- und Mitteleuropa entwickelten sich über nationale Grenzen hinweg geschlossene Industrieräume auf verschiedenen Standortgrundlagen. Deren Wertigkeit änderte sich im Laufe ihrer Entwicklung, sodass diese Industriegebiete heute eine unterschiedliche Dynamik aufweisen. Grundsätzlich lassen sich in Europa **zentrale Wirtschafts-** und **Industrieräume** bestehend aus Kernzonen und Randlagen sowie **periphere Wirtschaftsräume** unterscheiden, deren Entwicklung durch Wachstum und Fortschritt einerseits bzw. Stagnation und Rückschritt andererseits geprägt wird.

Regionaler und struktureller Wandel in der Industrie

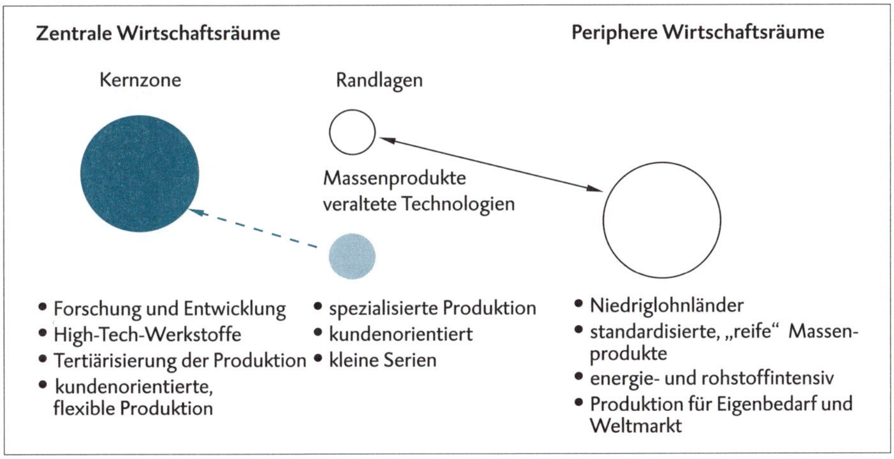

Typische Entstehungsorte der Industrie waren z. B. Handelsstädte, in denen qualifizierte Handwerker Güter herstellten, die sich über große Entfernungen hinweg verkaufen ließen. Im Verlauf der technologischen Entwicklung entstanden aus Handwerksbetrieben mit kaufmännischer Unterstützung Manufakturen, aus diesen Industriebetrieben.

Rohstoffe führten nicht notwendigerweise zur Entstehung von Industriegebieten wie das Beispiel der großen Eisenerzvorkommen in Nordschweden zeigt. Im Zuge der **industriellen Revolution** Ende des 19. Jh. wurden die Kohlelagerstätten allerdings zum bestimmenden Standortfaktor, besonders dann, wenn Eisenerzlagerstätten in unmittelbarer Nähe die Standortgunst noch verstärkten. Von Glasgow im Nordwesten Europas über die englischen Midlands, Nordfrankreich, Lothringen, das Saarland und das Ruhrgebiet bis hin zum Oberschlesischen Industrierevier zieht sich heute ein industrieller **„Rostgürtel"** durch Europa. Kennzeichnend für diese Industriegebiete ist die Monostruktur der Montanindustrie, deren Anfänge bis in die Frühzeit der Industrialisierung zurück reichen. Sie werden daher als **Altindustriegebiete** bezeichnet, in denen viele Anlagen der Eisen- und Stahlindustrie inzwischen stillgelegt sind, sodass die Bezeichnung „Rostgürtel" auch in wörtlichem Sinne gebraucht wird.

Charakteristische Merkmale solcher **Altindustriegebiete** (siehe Kapitel „Sozioökonomische Strukturen") sind

- eine überdurchschnittlich hohe Einwohnerdichte,
- eine überdurchschnittlich hohe Industriedichte (Industriebeschäftigte pro 1 000 Einwohner) im Vergleich zum nationalen Durchschnitt,
- ein hoher Anteil der Industriebeschäftigten an den Gesamtbeschäftigten,
- eine Industriestruktur, die durch wenige spezialisierte Großbetriebe, Branchen mit geringem Wachstum oder Rückgang und einem sinkenden Anteil am Bruttosozialprodukt (BSP) gekennzeichnet ist,
- hohe Arbeitsplatzverluste in den dominierenden Industriebranchen,
- auf hohem Niveau stagnierende Arbeitslosenquote,
- Abwanderung vor allem der jüngeren Bevölkerung,
- steigende Sozialausgaben und sinkende Steuereinnahmen der Kommunen,
- zunehmende Zahl von Industriebrachen und Altlasten,
- Umweltbelastungen und ein negatives Image der „rauchenden Schlöte".

Altindustrialisierte Regionen besitzen aber auch Standortvorteile wie z. B. neue Planungs- und Entwicklungsmöglichkeiten auf frei gewordenen Flächen (Revitalisierung von Industriebrachen) oft in zentraler Lage, qualifizierte Arbeitnehmer, eine hervorragende Infrastruktur und ein großer Absatzmarkt. Durch eine hoch entwickelte Infrastruktur können heute fast alle Regionen Europas mit Rohstoffen und Energie versorgt werden. Industrien können heute überall entstehen, wie z. B. die Entwicklung Dänemarks vom Agrarland zum modernen Industrieland innerhalb weniger Jahrzehnte beweist.

In den europäischen Wachstumsregionen der sogenannten „Blauen Banane" (siehe Kapitel „Sozioökonomische Strukturen", S. 29), die sich von Südostengland über die Benelux-Staaten und Nordfrankreich, das Rhein-Main-Gebiet und Süddeutschland bis nach Norditalien erstreckt, dominieren modernste High-Tech-Industrien und **„Footloose Industrien"**, für deren Ansiedlung häufig auch **„weiche" Standortfaktoren** wie Freizeitwert, Attraktivität der Landschaft, Agglomerationsvorteile, Nähe zu Hochschulen und Forschungszentren ausschlaggebend sind. Merkmale dieser **Wachstumsindustrien** sind:

- Großer Einsatz an wissenschaftlich-technischem Personal;
- Hoher Anteil von Beschäftigten mit Hochschulausbildung;
- Hoher Anteil der Betriebsausgaben für Forschung und Entwicklung;
- Stetige Folge von Innovationen, Patenten und neuen Anwendungen;
- Anwendung modernster Automations-, Verfahrens- und Bearbeitungstechniken und Einsatz neuer Werkstoffe;
- Einsatz neuer Organisations-, Informations- und Kommunikationsformen.

Zu den Kennzeichen der **Wachstumsregionen** in Europa zählen:

- Großer Anteil der Beschäftigten in der High-Tech-Industrie und anderen Wachstumsindustrien;
- Positiver Wanderungssaldo, vor allem Zuzug junger qualifizierter Arbeitskräfte;
- Standorte von Hochschulen, privaten und staatlichen Forschungsinstituten;
- Optimale Verkehrsanbindung durch Autobahnen und Hochgeschwindigkeitseisenbahnstrecken, Nähe zu internationalen Flughäfen;
- Weit über dem Durchschnitt liegendes Bruttosozialprodukt (BSP) pro Einwohner und geringe Arbeitslosenquote;
- Vielfältiges internationales Kulturangebot.

2 Industrieller Strukturwandel in Europa

Trotz steigender Bedeutung des Tertiären Wirtschaftssektors spielt die Industrie in den Staaten und Regionen Europas immer noch eine entscheidende Rolle. Seit Jahren ist allerdings ein gravierender **Strukturwandel** zu beobachten, der sowohl die Standorte der Produktion als auch die Fertigung und Organisation betrifft. Schlagworte wie Agglomeration und Dezentralisierung, Deindustrialisierung und Tertiärisierung der Industrie, Lean Production und Just-in-time, Globalisierung und Global Players umreißen die Bandbreite der gegenwärtigen industriellen Wandlungsprozesse.

Der industrielle Strukturwandel ist ein notwendiger, kontinuierlich oder in Schüben ablaufender Prozess, von dem die Staaten wie die Industriebranchen unterschiedlich betroffen sind. Das steigende Einkommen einer Volkswirtschaft führt zunächst zur Erhöhung des Industrieanteils an der Beschäftigung und Wertschöpfung. Mit zunehmendem Reichtum und fortschreitender Reife nähert sich eine Wirtschaft schließlich einem Wendepunkt, ab dem eine Tendenz zur **Deindustrialisierung** einsetzt.

Erwerbstätige nach Wirtschaftssektoren in Deutschland* 1882–2004 in %[20]

	1882	1939	1950	1975	1988	1999	2004
Primärer Sektor	42	25	22	6,8	4,8	2,4	2,2
Sekundärer Sektor	36	41	45	45,1	38,4	28,1	26,4
Tertiärer Sektor	22	34	33	48,0	56,8	69,5	71,4

* unterschiedlicher Gebietsstand

Die Industriestaaten der Europäischen Union zeigen sowohl hinsichtlich der Beschäftigung als auch des Bruttoinlandsproduktanteils der Industrie sinkende Werte. Ausnahmen ergeben sich bei einigen Peripherstaaten der EU wie Griechenland und Portugal. In den hoch entwickelten Industrienationen ist der Tertiärisierungsprozess in der Realität noch weiter vorangeschritten, weil die in der Industrie ausgeübten Dienstleistungen, wie z. B. Forschung und Entwicklung, Marketing und Verkauf, statistisch dem verarbeitenden Sektor zugerechnet werden.

Ausgelöst und gesteuert wird der Prozess des industriellen Strukturwandels durch einen Wandel der Nachfrage nach qualitativ hochwertigen und kostengünstigen Produkten durch einen großen Wettbewerbsdruck auf der Angebotsseite. Die Einführung des EU-Binnenmarktes und der Transformationsprozess in den Staaten Ost- und Mittelosteuropas sowie die **Globalisierung** der Märkte, der Unternehmen, ihrer Produktionsstandorte und Zulieferbeziehungen beschleunigen den Wandel industrieller Strukturen in Europa.

20 Statistisches Jahrbuch, verschiedene Ausgaben

Exkurs: Das Modell von Fourastié zur Entwicklung der Wirtschaftsbereiche

Der französische Wirtschaftswissenschaftler Jean Fourastié (1907–1990) entwickelte ein Modell, das die für die wirtschaftliche Entwicklung eines Landes typischen Veränderungen der Anteile der Wirtschaftssektoren an der Gesamtbeschäftigtenzahl beschreibt:

- Phase 1: In der vorindustriellen Zeit liegt der Anteil der Beschäftigten im Primären Sektor bei etwa 80 %, was in etwa auch dem Anteil der sich weitgehend selbst versorgenden ländlichen Bevölkerung entspricht.
- Phase 2: Während der Industrialisierung geht der Anteil der Erwerbstätigen in der Landwirtschaft auf ca. 10 % zurück, während der Anteil der Industriebeschäftigten bis auf 50 % ansteigen kann. Damit ist eine zunehmende Konzentration der Bevölkerung in städtischen Räumen verbunden.
- Phase 3: Kennzeichnend ist der deutliche Rückgang des Sekundären Sektors bei gleichzeitigem Bedeutungszuwachs des Tertiären Sektors (Tertiärisierung) und weiter abnehmendem Anteil der im Primären Sektor Tätigen.

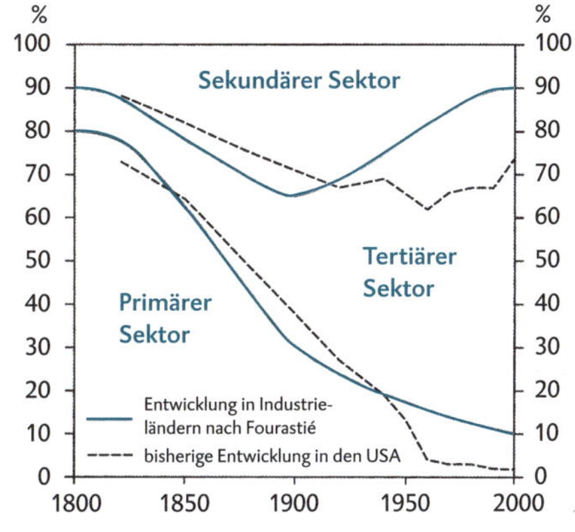

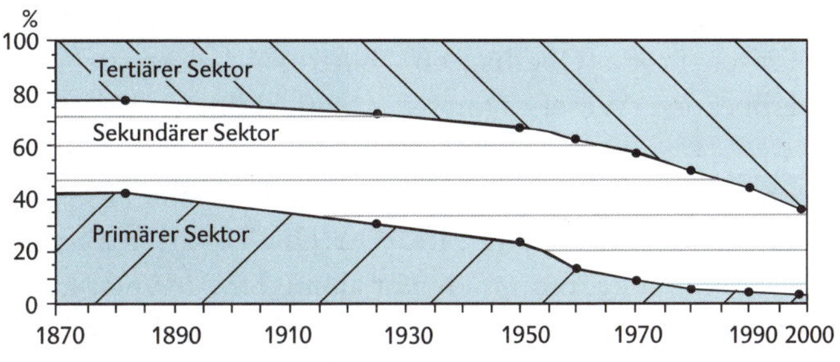

Der Verlauf der Entwicklung in Deutschland nach dem Fourastié-Modell

3 Das Ruhrgebiet – Strukturwandel im größten europäischen Industriegebiet

Das Mehrkern-Ballungsgebiet Rhein/Ruhr ist mit rund 11 Mio. Einwohnern und über 10 000 km^2 Fläche der größte Verdichtungsraum in Deutschland. Innerhalb dieses Ballungsgebietes stellt das Ruhrgebiet einen Raum dar, der durch seine geschichtliche Entwicklung, seine Wirtschafts-, Siedlungs- und Bevölkerungsstruktur individuelle Züge besitzt. Namensgebungen wie „das Revier“ oder „der Kohlenpott“ bezeichnen einen Raum von ca. 130 km Nord-Süd- und 35 km West-Ost-Ausdehnung, der sich im Osten bis Unna und Hamm erstreckt, zwischen der Lippe im Norden und der Ruhr im Süden liegt und im Westen über den Rhein hinausgreift. Die Begrenzung des Raumes entspricht der Fläche des Kommunalverbandes Ruhr (KVR), für den alle statistischen Angaben erhoben werden.

Das Ruhrgebiet mit seinen 5,5 Mio. Einwohnern und einer Fläche von 4 500 km^2 kann in vier Zonen gegliedert werden, die den chronologisch verlaufenden bergbaulichen Abbau- und Industrialisierungsphasen entsprechen (vgl. Atlas):

1. Ruhrzone (Werden – Hattingen – Witten – Hagen – Schwerte)
2. Hellwegzone (Duisburg – Essen – Bochum – Dortmund – Unna)
3. Emscherzone (Oberhausen – Bottrop – Gelsenkirchen – Herne)
4. Lippezone (Wesel – Dorsten – Marl – Lünen – Hamm).

Noch immer ist das Ruhrgebiet das industrielle Herz nicht nur Deutschlands sondern ganz Europas. Die **industrielle Verdichtung** beruht auf der Basis reicher Steinkohlevorkommen, vor allem der zur Verkokung geeigneten Fettkohlen und der früher in geringer Entfernung abgebauten (z. B. im Sauerland) und heute weltweit importierten Eisenerze. Mit einem Anteil von 26 % an der Steinkohleförderung und 16 % an der Stahlproduktion der Europäischen Union (1998) bildet die Region das Zentrum der europäischen Montanindustrie und erwirtschaftet ein Bruttosozialprodukt, das dem von Ländern wie Dänemark oder Belgien entspricht.

Der Niedergang des Ruhrgebiets vom klassischen Industriegebiet zum Altindustriegebiet ist das Ergebnis eines drastischen Bedeutungsverlustes der **Montanindustrie** in ganz Europa. Nach dem zweiten Weltkrieg erlangte die Region durch den Wiederaufbau und die schnell wachsende Eisen- und Stahlindustrie im Bergbausektor ihr Maximum an Fördermenge und Beschäftigtenzahl. Die erste **Kohlenkrise** ließ Ende der 50er Jahre den Absatz deutlich zurückgehen und führte 1958 zu den ersten Zechenschließungen. Ursachen hierfür waren:

- Konkurrenz billiger Importkohle aus den USA und Südafrika;
- Substitution des Energieträgers Steinkohle durch andere Energieträger, vor allem Erdöl;
- Absatzrückgang für brikettierte Steinkohle für den privaten Hausbrand;
- Absatzrückgang für die Eisenbahn durch Elektrifizierung der Strecken;
- Absatzprobleme in der Stahlindustrie durch neue kokssparende Technologien (Reduzierung des Koksbedarfs für die Verhüttung von 1 t Stahl von 4 t auf 0,5 t Koks).

Um wettbewerbsfähig zu bleiben, führten die Bergbauunternehmen vielfältige Rationalisierungsmaßnahmen durch, was sich z. B. in einer deutlichen Erhöhung der Schichtleistung pro Beschäftigten zeigt. In weniger als zwei Jahrzehnten sank so bis 1975 die Zahl der Beschäftigten im Bergbau um zwei Drittel während die Förderung „nur" um ein Drittel zurückging.

Die Situation im Steinkohlebergbau verschlechterte sich als Folge der **Stahlkrise** ab 1975 weiter. Deren Ursachen waren

- Auswirkungen der zunehmenden weltwirtschaftlichen Verflechtungen: Import von Billigstahl aus Fernost (Japan, Südkorea) und aus Entwicklungsländern (Brasilien, Indien);
- allgemeiner Rückgang der Stahlnachfrage in Europa;
- Rückgang der Stahlexporte z. B. in die USA durch zunehmende Konkurrenz auf dem Weltmarkt;
- Substitution von Stahl durch Kunststoffe, Aluminium und andere neue Werkstoffe;
- Wettbewerbsverzerrungen durch staatliche Subventionen für die Stahlindustrie in anderen europäischen Ländern wie Frankreich und Italien.

Seit 1975 gingen im Ruhrgebiet in den Schlüsselindustrien (Bergbau und Eisen- und Stahlindustrie) über 220 000 Arbeitsplätze verloren, von denen – direkt oder indirekt – nochmals ca. 200 000 Arbeitsplätze in vor- und nachgelagerten Branchen abhängig waren. Gleichzeitig stieg die Zahl der Arbeitslosen im Ruhrgebiet stark an. Selbst staatliche Subventionen (bis zu 102 € für jede Tonne geförderte Kohle bei einem Weltmarktpreis von unter 51 € je t Kohle) und staatlich garantierte Abnahmemengen der deutschen Energieunternehmen für die Verstromung der Kohle konnten den Niedergang des deutschen Steinkohlebergbaus nicht aufhalten.

Der Strukturwandel im Ruhrgebiet in Zahlen[21]

Jahr	Bevölkerung	Wanderungsgewinn bzw. -verlust/Jahr	Erwerbstätige i. Produzierenden Gewerbe	Erwerbstätige im Dienstleistungssektor	Arbeitslose	Arbeitslosenquote
1950	4 594 767	–	–	–	–	–
1961	5 674 223	+14 707	–	–	–	–
1970	5 658 381	+13 437	1 285 700	881 100	12 762	0,6 %
1975	5 541 638	–18 757	–	–	95 350	4,9 %
1980	5 396 144	+5 752	982 872	1 109 615	104 232	5,3 %
1985	5 192 438	–5 563	837 745	1 084 559	268 709	14,2 %
1990	5 396 208	+54 356	963 500	1 180 600	231 719	10,8 %
1995	5 440 503	+7 946	772 200	1 260 500	285 190	13,0 %
2000	5 359 228	+16 255	710 000	1 393 000	278 392	12,2 %
2004	5 302 179	+2 315	595 000	1 419 000	310 973	13,6 %

Die Montanindustrie des Ruhrgebiets

Jahr	Beschäftigte im Bergbau	Steinkohle förderung in Mio. t	Beschäftigte in der Eisen- und Stahlindustrie	Beschäftigte in der Eisen schaffenden Industrie	Rohstahlerzeugung in Mio. t
1961	371 381	116,1	278 391	193 506	22,4
1970	191 380	91,1	226 762	169 370	28,5
1975	159 712	75,8	223 073	159 135	24,3
1980	140 536	69,1	184 484	139 543	25,2
1985	123 632	64,0	139 046	104 300	22,8
1990	100 352	54,6	123 181	86 809	20,5
1995	69 950	41,7	66 771	44 830	18,8
2000	48 672	25,9	51 167	33 787	18,5
2004	34 498	17,8	49 423	30 719	18,2

Politiker und Finanzexperten planen bis 2010 das Auslaufen der staatlichen Subventionen und somit das Ende des Steinkohlebergbaus in Deutschland. Die Ruhrkohle AG, inzwischen alleiniger Betreiber von Steinkohlezechen im Ruhrgebiet, hat ihre Aktivität deshalb weltweit ausgedehnt und ist heute bereits Besitzer der größten Kohletagebaubetriebe in den USA.

21 Die Angaben beider Tabellen beziehen sich auf das Gebiet des Kommunalverbands Ruhrgebiet (KVR), seit 2004 umbenannt in Regionalverband Ruhr (RVR), und sind den amtlichen Veröffentlichungen „Städte- und Kreisstatistik Ruhrgebiet“ entnommen.

Der wirtschaftliche **Strukturwandel** im Ruhrgebiet dokumentiert sich im Vergleich der Beschäftigtenstruktur 1970 und 1996. Beispielhaft zeigt sich dieser in **Bochum**, wo 1974 die letzte der ehemals 22 Zechen geschlossen wurde. Zwischen 1961 und 1995 sank dort die Zahl der Industriebeschäftigten von 110 000 auf 55 000, allein 15 000 sind nun in dem 1961 neu errichteten Opel-Werk beschäftigt. Der Anstieg der Beschäftigung im Tertiären Sektor (Ruhr-Universität, Ruhr-Einkaufszentrum, Musicaltheater) konnte jedoch die Arbeitsplatzverluste im Bergbau und in der Industrie bei weitem nicht ausgleichen. Das Resultat ist eine gleichbleibend hohe Arbeitslosigkeit von bis zu 15 % und ein Wanderungsverlust von über 40 000 Einwohnern seit 1961.

Beschäftigte nach Wirtschaftsabteilungen 1970 und 1996 im Ruhrgebiet

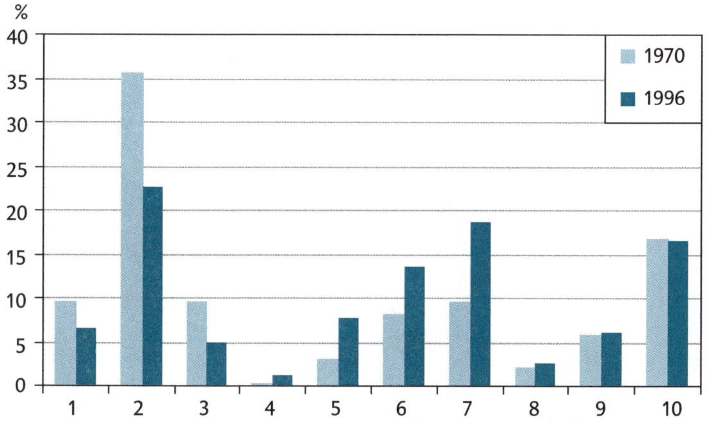

1 Energie- u. Wasserversorgung, Bergbau
2 Verarbeitendes Gewerbe
3 Baugewerbe
4 Land-/Forstwirtschaft, Fischerei
5 Gebietskörperschaften, Sozialversicherungsträger
6 Organisationen ohne Erwerbszweck
7 Dienstleistungen v. Unternehmen
8 Kreditinstitute, Versicherungen
9 Verkehr u. Nachrichtenübermittlung
10 Handel

Der **industrielle Wandel** im Ruhrgebiet lässt sich in drei Phasen gliedern:

- In einer **1. Phase** ab 1960 wurde versucht, vom Montanbereich unabhängige Industriezweige (Textilindustrie, Nahrungsmittelindustrie) zu fördern, Folgeindustrien von Kohle- und Stahlgewinnung (chemische Industrie, Anlagen-, Maschinen- und Apparatebau) weiter zu entwickeln und bisher „ruhrgebietsfremde“ Industrien (Elektrotechnik, Fahrzeugbau, Kunststoffindustrie) neu anzusiedeln.

- In einer **2. Phase** ab 1970 wandelten sich die traditionellen Ruhrkonzerne (Thyssen, Mannesmann, Krupp, Hoesch u. a.) zu modernen diversifizierten Technologieunternehmen. Die defizitären Montanbereiche der ehemaligen Konkurrenten fusionierten, um dem Konkurrenzdruck ausländischer Firmen standhalten zu können.
- In einer **3. Phase** ab 1980 erfolgte der Siegeszug der neuen Technologien und der High-Tech-Industrie im Ruhrgebiet, begleitet und unterstützt von der Errichtung neuer Hochschulen (bis 1962 gab es im Ruhrgebiet keine Universität, heute sind Bochum, Dortmund, Duisburg, Essen, Hagen, Witten Hochschulstandorte), Gründerzentren, Technologieparks sowie privater und staatlicher Forschungsinstitute. Die Umwandlung des Montanreviers in eine moderne Wachstumsregion wird vor allem von innovativen Klein- und Mittelbetrieben getragen, die sich an die ständig verändernden Marktbedingungen schneller und flexibler anpassen können als die traditionellen Großkonzerne der Montanindustrie.

Strukturwandel im Ruhrgebiet: Umnutzung von Industriebrachen – hier die Zeche Nordstern mit dem Nordsternpark in Gelsenkirchen

Die **Tertiärisierung** des Ruhrgebiets zeigt sich besonders deutlich in den Großstädten. Über eine Million Arbeitskräfte sind heute im Tertiären Sektor tätig. In Essen, der einstigen „Kohlenhauptstadt“[22] Europas sind nur noch 1,1 % der Beschäftigten in der Montanindustrie tätig, aber über 70 % im Dienstleistungsbereich. Im Ruhrgebiet findet man, häufig auf ehemaligen Industriebrachen in zentraler Lage, die höchste Konzentration neuer Einkaufszentren. Aber auch die moderne Freizeitindustrie bietet sowohl Einheimischen als auch Touristen mit der „Warner Brothers Movie World“ in Bottrop,

22 Verwaltungssitz der Ruhrkohle AG

dem CentrO Einkaufs- und Vergnügungspark in Oberhausen, zahlreichen Musicaltheatern (Bochum, Duisburg, Essen) und anderen Erlebnis-Parks ein vielfältiges kulturelles Angebot. Ein Defizit sehen die Fachleute aber noch im Bereich der höherwertigen Dienstleitungen, wie Unternehmensmanagement, Marketing, Rechtsberatung sowie Forschung und Entwicklung. Bundesweite Public Relations-Kampagnen des Regionalverbands Ruhr zur Imageverbesserung („Ruhrgebiet, ein starkes Stück Deutschland") sollen sowohl Spitzen- und Führungskräfte als auch private Investoren ins Ruhrgebiet locken.

4 Struktureller und räumlicher Wandel der Industrie in Großbritannien

Großbritannien, das klassische Land der Industrialisierung, erfährt seit mehr als drei Jahrzehnten eine durchgreifende Veränderung seiner Wirtschaft. Durch die Prozesse der Deindustrialisierung, Reindustrialisierung und Tertiärisierung entstand ein sozioökonomisches Süd-Nord-Gefälle, das vor allem zu Lasten des mittelenglischen Industriegebietes ging.

Unter **Deindustrialisierung** versteht man den absoluten und relativen Bedeutungsverlust des produzierenden Sektors, der vor allem die Altindustrien des 19. Jh. wie die Eisen-/Stahlerzeugung und -verarbeitung, Werftindustrie, Textilindustrie sowie ihre traditionellen Standorte erfasst.

Die **Reindustrialisierung**, der Aufbau neuer Industriestrukturen, in Großbritannien vollzog sich seit 1970 in drei Schritten:

- Errichtung von Produktions-, Handels- und Verwaltungsniederlassungen multinationaler Konzerne aufgrund günstiger Produktionskosten und staatlicher Subventionen;
- Umgestaltung traditioneller Industriebranchen mithilfe von Modernisierungs- und Rationalisierungsmaßnahmen und unter Verzicht gesetzlicher Arbeitnehmerrechte zur Verbesserung der Konkurrenzfähigkeit im internationalen Wettbewerb;
- Gründung neuer High-Tech-Betriebe und Dienstleistungsfirmen in kaum industrialisierten Regionen (z. B. traditionelle Hochschulstandorte).

Im Zuge der **Tertiärisierung** gewann die Freizeit- und Tourismusbranche auch in den peripheren Regionen Schottlands und Wales an Bedeutung, während sich die Zunahme wirtschaftlicher Dienstleistungsunternehmen (Banken, Versicherungen, Finanzdienstleistungen, Leasingunternehmen) und freier Berufe vor allem in den Zentren vollzog.

Das durch den industriellen Strukturwandel entstandene Süd-Nord-Gefälle ist auf die hohen Arbeitsplatzverluste im industriellen Sektor des mittelenglischen Industriegebietes zurückzuführen, während sich in den südlichen Regionen vor allem außerhalb des Großraumes London viele Unternehmen der High-Tech-Industrie niederließen und der Ballungsraum London einschließlich der City zum bevorzugten Standort der freien Wirtschaftsdienste wurde.

Die **englischen Midlands** waren noch in den 1960er Jahren eine auf unterschiedliche städtische Zentren ausgerichtete und durch die Konzentration verschiedener Basisindustrien geprägte Industrieregion. Ausgangspunkt der Industrialisierung war die **Textil- und Bekleidungsbranche**, die auf der Verarbeitung der importierten Baumwolle in Manchester (Einfuhr über den Hafen von Liverpool) und der einheimischen Schafwolle im östlichen Leeds und Leicester basierte. Höhepunkt der Industrialisierung war jedoch die Entwicklung der **Eisen- und Stahlindustrie**, die sich auf die lokale Förderung reicher Kohle- und Eisenerzvorkommen, vor allem im Osten, im Bereich von Sheffield und im südlichen Black County um Birmingham, stützte. Hinzu kam die Steingut- und Porzellanherstellung im Pottery District um Stoke.

Der Verlust der Absatzgebiete im kolonialen Weltreich, zunehmende ausländische Konkurrenz, Überproduktionen auf dem Weltmarkt und völlig veraltete Produktionsanlagen und -methoden führten seit 1960 zu Absatzproblemen in allen Industriebranchen.

Zuerst durchlief der **Kohlebergbau** mehrere Absatzkrisen und mit dem Ausbau der Erdölförderung im britischen Nordseesektor verlor die Steinkohle ihre Vormachtstellung auf dem einheimischen Energiemarkt. Die Streichung sämtlicher staatlicher Subventionen führte zu einem drastischen Rückgang der Kohleförderung, zu umfangreichen Zechenstilllegungen und dem Verlust von hunderttausenden von Arbeitsplätzen.

Entwicklung des Steinkohlenbergbaus in Großbritannien 1850–1998

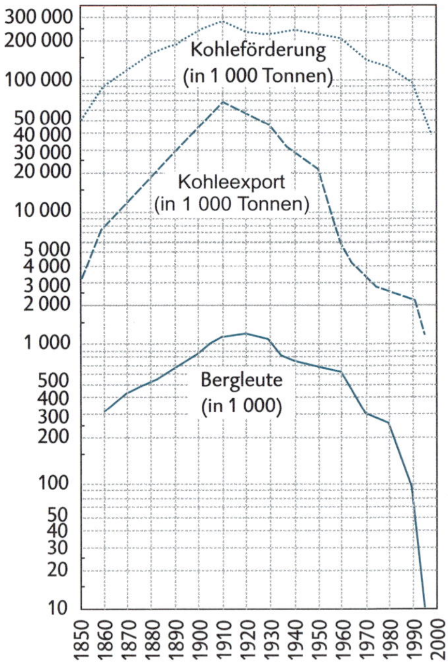

Sinkende Nachfrage und die Konkurrenz auf dem Weltmarkt führten auch zu Absatzschwierigkeiten der bis 1987 staatlichen **British Steel Corporation**. Ähnlich wie im Bergbau wurde seit 1970 mit Rationalisierungen, der Investition in neue Techniken, der Schließung von 100 unproduktiven Eisen- und Stahlwerken und der Standortkonzentration auf wenige moderne Hüttenstandorte versucht, international wettbewerbsfähig zu bleiben. Die Beschäftigtenzahl sank so um fast 200 000 Arbeitskräfte.

Industrielle Verfallserscheinungen zeigten sich auch im Schiffsbau und in der Automobilindustrie. Der wirtschaftliche Niedergang der Hafenstädte an der englischen Westküste ist das Ergebnis der Aufgabe der zur Zeit des britischen Empires bedeutenden **Werftindustrie** sowie des Funktionsverlustes als koloniale Handelszentren. Ähnlich verheerende Effekte hatte die Absatzkrise der einheimischen **Automobilindustrie** in den 80er Jahren, die zu zahlreichen Betriebsschließungen führte. Selbst die britischen Nobelmarken Jaguar, Bentley oder Rolls-Royce konnten dem Druck der ausländischen Konkurrenz nicht standhalten und wurden an ausländische Unternehmen, darunter deutsche Konzerne verkauft. Mit welch großen Problemen die Automobilproduktion in Großbritannien kämpft, zeigte sich im Jahr 2000 bei der Traditionsmarke Rover, deren Werke in der Nähe von Birmingham mit 9 000 Beschäftigten trotz der zeitweiligen Übernahme durch die bayerische BMW AG von einer endgültigen Schließung bedroht waren.

Beschäftigte in der britischen Textilindustrie zwischen 1960 und 1994

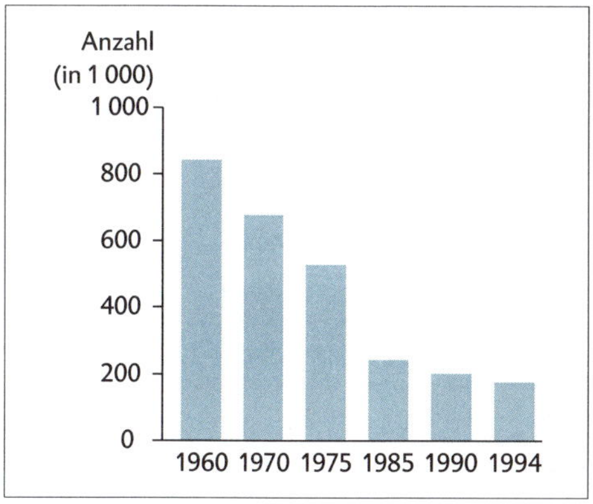

Auch die mittelenglische Textilindustrie durchlief aufgrund zunehmender Konkurrenz aus Billiglohnländern (z. B. Produktionskosten in der indischen Textilindustrie: 5 % der britischen Kosten) seit den 50er Jahren einen stetigen Schrumpfungsprozess und verlor bis Mitte der 90er Jahre 80 % ihrer Arbeitsplätze. Nur einige hoch spezialisierte Standorte der Strumpf- und Strickwarenindustrie sind geblieben, deren Qualitätsprodukte nach wie vor weltweit exportiert werden.

Der Niedergang der **Schlüsselindustrien** betraf alle Regionen Mittelenglands ungeachtet ihrer wirtschaftlichen Differenzierung. Der Rückgang der industriellen und damit der Gesamtbeschäftigung hat zu einer starken Zunahme der Arbeitslosigkeit geführt. Trotz staatlicher Förderprogramme konnten die hierdurch geschaffenen neuen Arbeitsplätze vor allem im Dienstleistungssektor den Verlust in den Altindustrien bei weitem nicht kompensieren. Vor allem die Hafen- und Industriestädte wurden zu sozialen Brennpunkten, wo es wiederholt zwischen Arbeitslosen bzw. beschäftigungslosen Jugendlichen und der Polizei zu gewaltsamen Auseinandersetzungen kam. Ohne Aussicht auf einen neuen Arbeitsplatz wanderten viele Menschen in die wirtschaftlich wachsenden südenglischen Regionen und in den Londoner Ballungsraum ab.

Anteil der Beschäftigten in High-Tech-Industrien nach Counties 1996

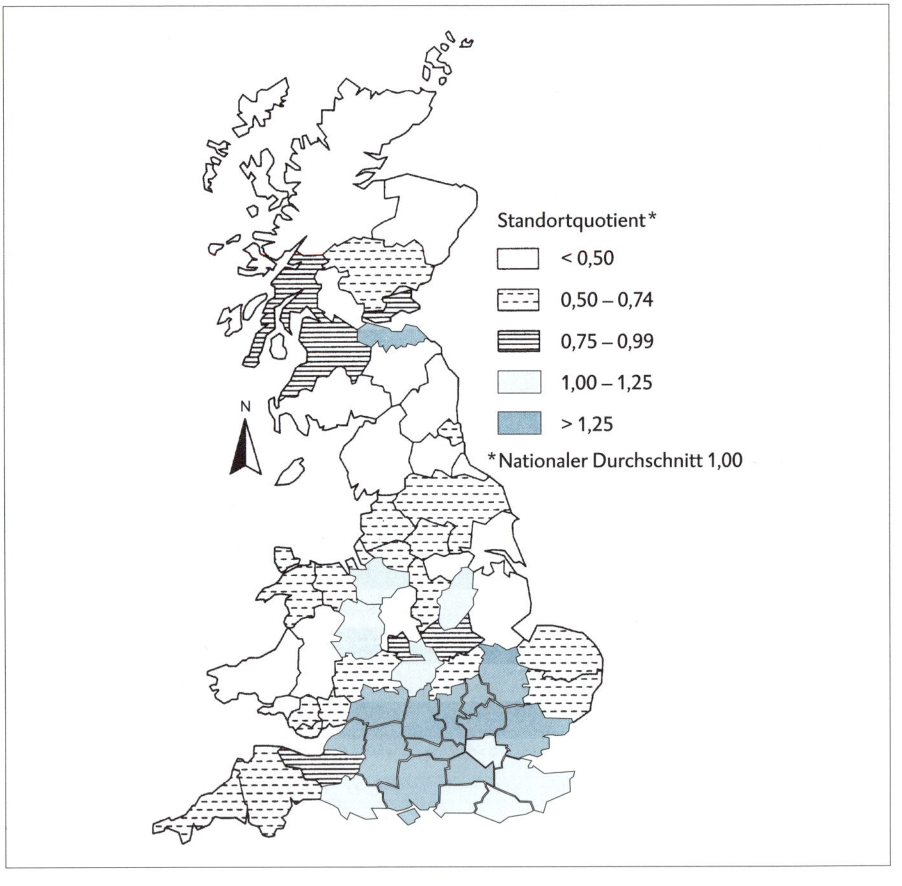

Die in den vergangenen zwei Jahrzehnten positive wirtschaftliche Entwicklung Südenglands konzentriert sich auf zwei Wachstumsregionen im Umkreis von **Cambridge** und auf den sogenannten **M 4-Korridor** entlang der Autobahn- und Eisenbahnstrecke von London nach Bristol, wo sich besonders viele Unternehmen der High-Tech-Industrie niedergelassen haben.

Zu den charakteristischen Merkmalen der **High-Tech-Industrie** gehören:
- Rasche Produktveränderungen, die zu immer kürzeren Produktlebenszyklen führen und jeweils mit beträchtlichen Kostensenkungen für die neu entwickelten Produkte verbunden sind,
- rasches Wachstum der Marktnachfrage,
- herausragende Bedeutung wissenschaftlicher Forschung und Entwicklung, die sich in einem großen Bedarf hoch qualifizierter Wissenschaftler, Ingenieure, Techniker und Manager äußert,
- das Nebeneinander und die Kooperation von großen multinationalen Unternehmen und lokalen neu gegründeten Kleinbetrieben.

In London konzentrieren sich zahlreiche Forschungsinstitute und das für Forschung/Entwicklung und die Produktion notwendige Kapital. Ein regelrechtes Band von Computer- und anderen High-Tech-Standorten erstreckt sich entlang des sogenannten **Sunset Strip** von London aus entlang der Autobahn M 4 Richtung Westen bis nach Bristol und weiter nach Südwales. Von staatlicher Seite gab es frühzeitig Zuschüsse für Firmengründungen außerhalb Londons und die hohen Londoner Boden- und Mietpreise führten zur Niederlassung neuer Betriebe im Umland. Die Fertigstellung der M 4 und der Intercity-Strecke nach Bristol verkürzten für viele Pendler die Fahrtzeiten. Der nahe gelegene Großflughafen Heathrow stellte die notwendigen internationalen Verkehrsverbindungen bereit. Hinzu kam die Errichtung zahlreicher Militärstandorte, an denen sich die staatliche militärische Forschung konzentrierte.

Heute besitzt der **M 4-Korridor** eine diversifizierte Wirtschaftsstruktur, in dem die Bereiche Forschung, Entwicklung, Verwaltung und Marketing überproportional vertreten sind. Die Produktion ist dagegen vielfach in nördliche Landesteile, z. B. in den Bereich Glasgow-Edinburgh (Silicon Glen, vgl. S. 93) ausgelagert, wo die Lohnkosten niedriger sind. Im M 4-Korridor besteht weitgehend Vollbeschäftigung, bei hoch qualifizierten Arbeitskräften herrscht sogar ein Mangel. Dementsprechend hoch ist das Einkommensniveau und die Ansprüche der Einwohner an die infrastrukturelle Versorgung und die Lebensqualität. Die zunehmende Siedlungsdichte führte inzwischen zu einem Mangel an Bauland und stark gestiegenen Bodenpreisen.

Der Sunset Strip

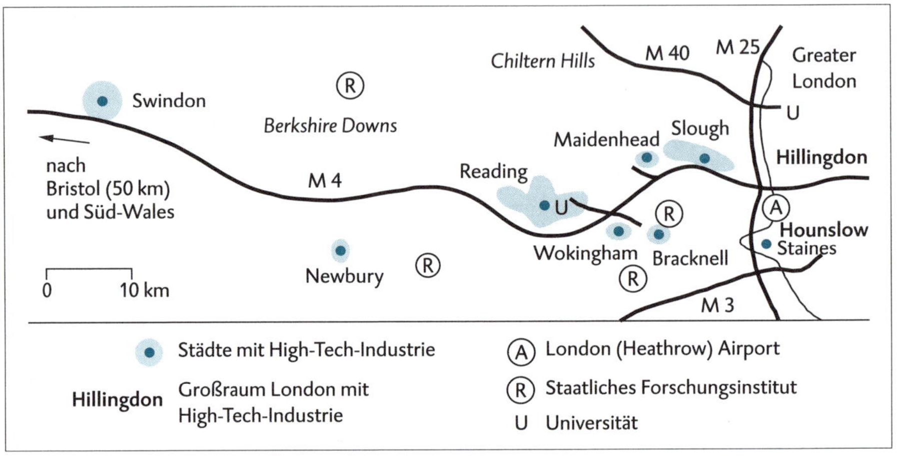

Die zweite führende Wachstumsregion Großbritanniens ist das County **Cambridgeshire** nordöstlich von London. Sie ist ein Beispiel für eine **endogen entstandene** High-Tech-Region, deren dynamische Entwicklung auf einer Vielzahl technologieorientierter Kleinbetriebe basiert („Cambridge-Phänomen"). Diese jungen und selbstständigen Unternehmen haben in der Mehrzahl ihre Wurzeln in der Region. Zu ihren vorherrschenden Aktivitäten zählen Forschungs-, Design- und Entwicklungsarbeiten, für die enge Kontakte zur Universität von Cambridge und zu anderen Forschungseinrichtungen der Region notwendig sind. Das Resultat des zunehmenden Interesses ausländischer multinationaler Konzerne an der Region Cambridgeshire zeigt sich an der Übernahme lokaler Betriebe oder der Gründung von Zweigbetrieben. Die Gründe für die Ansiedlung und der Erfolg der weit über 500 Hochtechnologiebetriebe mit über 20 000 Arbeitskräften sind:

- Hoher Anteil neuer, kleiner und unabhängiger Betriebe;
- Hohe Flexibilität und Innovationsbereitschaft der neuen Unternehmen;
- Hohe Diversifizierung innerhalb der Hochtechnologiebranche mit der Konzentration auf Forschungs- und Entwicklungsaufgaben;
- Enge Kontakte, Netzwerke und Technologietransfer zwischen den neuen Unternehmen und der Universität Cambridge;
- Über die Hälfte der Beschäftigten sind hoch qualifizierte Arbeitskräfte;
- Jeder neue Arbeitsplatz in der Hochtechnologie hatte mindestens einen neuen lokalen Arbeitsplatz vor allem im Dienstleistungsbereich zur Folge;
- Fehlende historische Industriestrukturen, Dominanz der Vorteile weicher Standortfaktoren, reizvolle Landschaft in der Nähe zu London.

5 Das Oberschlesische Industrierevier – industrieller Transformationsprozess in Polen

Das Oberschlesische Industrierevier (GOP) ist neben dem Ruhrgebiet und dem Mittelenglischen Industriegebiet ein weiteres klassisches altindustrialisiertes Montanrevier in Europa. In seinem Kern liegt die hoch industrialisierte und urbanisierte Wojewodschaft Kattowitz. Die Region des GOP umfasst eine Fläche von 7 650 km^2 mit 6 Mio. Einwohnern (1998) und ist der bedeutendste Wirtschaftsraum Polens. Die Industrialisierungs- und Verstädterungsprozesse reichen bis in das 19. Jh. zurück und brachten der Region neben der wirtschaftlichen Entwicklung viele soziale und ökologische Probleme. Der ökologisch Besorgnis erregende Zustand war aber vor allem das Ergebnis der sozialistischen Epoche in Polen von 1945–1988.

Bergwerke, Hochöfen, Walzwerke und die Metall verarbeitende Industrie prägten über Jahrzehnte diesen Agglomerationsraum. Fast 100 % der polnischen Steinkohle und Erze und über 50 % des Rohstahls werden heute noch im GOP gefördert bzw. produziert, aber weniger als 10 % der in Polen gefertigten Haushaltsgeräte, Werkzeugmaschinen oder Fahrzeuge kommen aus dieser Region. 1994 waren nach wie vor in den Branchen der **Montanindustrie** (Bergbau, Energieerzeugung, Eisen-/Stahlerzeugung und -verarbeitung) fast 500 000 der 600 000 Industriebeschäftigten tätig.

Beschäftigte im Steinkohlebergbau (GOP)[23]

Jahr	1953	1960	1975	1980	1988	1991	1999	2002
	270 000	300 000	360 000	400 000	450 000	370 000	244 000	141 000

Steinkohleförderung in Mio. t (GOP)

Jahr	1949	1960	1975	1981	1988	1991	1994	1998	2004
	70	100	168	160	193	136	129	116	99

Steinkohle ist die wichtigste Grundlage für die Energieversorgung des Landes und zugleich auch eine wesentliche Devisenquelle. Immerhin steht Polen im Weltvergleich an siebter Stelle der Förderung. Der Bergbau erfolgte in den vergangenen Jahrzehnten im Mittel in Teufen von 350 bis 600 m, in zahlreichen

23 Quelle: nach Pakula, L.: Der Oberschlesische Industriebezirk. In: Erdkundeunterricht, 1/97, S. 3, ergänzt

Gruben wurde bereits die Abbautiefe von 1 000 m überschritten. Der Abbau in immer tiefer liegenden Schächten treibt die Förderkosten in die Höhe.

In einem Drittel der Bergwerke im GOP liegen die Förderkosten höher als die Verkaufspreise, sodass der polnische Staat mit hohen Subventionen den Betrieb aufrecht erhält. Die Kohleförderung erreichte 1988 mit fast 200 Mio. t ihren Höhepunkt und verringerte sich wegen des geringeren einheimischen Absatzes und dem Rückgang der Exporte in die ehemaligen RGW-Staaten bis 2004 um 50 %.

Trotz der Entlassung von 180 000 Bergarbeitern seit 1989 waren 1999 noch 244 000 Beschäftigte im Steinkohlebergbau tätig (mehr als die Summe aller im Bergbau Beschäftigten in der gesamten EU). Bis zum Jahr 2002 war als Folge der Schließung unrentabler Zechen ein weiterer Abbau von 100 000 Arbeitsplätzen notwendig.

Industrieruine in Kattowitz

Eine vergleichbare Entwicklung zeichnet sich auch in der oberschlesischen **Hüttenindustrie** ab. Die überwiegende Zahl der technisch völlig veralteten Kokereien wurde bereits stillgelegt. Durch die Inbetriebnahme von drei modernen Hochöfen im neuen Stahlwerk Huta Kattowice war die Aufgabe alter Hüttenstandorte möglich, deren Produktion noch für Abnehmer im RGW und hier vor allem für die Rüstungsindustrie bestimmt war. Nach der Schließung der unrentablen Eisenerzbergwerke beziehen die Hüttenwerke ihre Rohstoffe zu 85 % aus der Ukraine und Russland. Für deren Transport wurde 1979 eine 400 km lange Breitspureisenbahnstrecke von der polnischen Ostgrenze direkt in das Stahlwerk Huta Kattowice gebaut. Eine wichtige Rolle besitzen noch der Abbau und die Verhüttung von Zink- und Bleierzen und der Silberbergbau (7 % der Weltproduktion).

Die Eisen verarbeitende Industrie im GOP umfasst vor allem alte Werke mit hohem Rohstoffverbrauch, zum Beispiel für die Produktion von Eisenbahnschienen und Gusswaren. Es fehlen neue Technologien und Betriebe mit modernsten Produktionsverfahren. Moderne Fabriken, deren Produkte dem Weltmarktstandard entsprechen, sind die Fiat-Werke in Tychy, ein Werk für den Bau von Lokomotiven und eine Produktionsstätte für Schiffsturbinen.

Im Zuge des wirtschaftlichen **Transformationsprozesses** ist der Anteil des GOP an der industriellen Produktion Polens von 24,2 % 1989 auf 15,8 % 1994 gesunken. Ursache dieser Entwicklung ist die montanindustrielle Monostruktur. Der notwendige Strukturwandel ist bisher weitgehend ausgeblieben. Die Montanindustrie hat sogar trotz eines deutlichen Rückgangs der Beschäftigtenzahl relativ an Bedeutung gewonnen. Die zukünftige Entwicklung des oberschlesischen Industriegebietes ist von dem Bemühen der polnischen Regierung zur Förderung des industriellen Strukturwandels geprägt, der vor allem mithilfe ausländischer Investoren finanziert werden soll. Allerdings sind hierzu weitere umfangreiche Betriebsschließungen und Rationalisierungsmaßnahmen notwendig. Ob der Beitritt Polens in die EU diesen notwendigen Wandel beschleunigt und möglicherweise die sozialen Probleme sogar noch verstärkt, ist gegenwärtig nicht absehbar.

Besonders problematisch sind die **Umweltprobleme** im GOP, die zu den gravierendsten nicht nur in Polen, sondern in ganz Europa zählen. Ihr Maximum erreichten die Umweltbelastungen in den 60er und 70er Jahren im Rahmen des Ausbaus der Schwerindustrie. Vor allem die Energiewirtschaft, die Koksherstellung und die Eisen verarbeitende Industrie trugen zu drastischen Luftbelastungen bei. Allerdings gingen im Zuge der Deindustrialisierung seit 1990 die Emissionen durch den Rückgang der industriellen Produktion, den Einbau wirkungsvoller Filteranlagen und die Stilllegung unrentabler und nicht modernisierbarer Industrieanlagen und Kraftwerke zurück.

Trotzdem sind an vielen Standorten des GOP die Emissionswerte nach wie vor katastrophal und selbst die polnische Regierung stuft die Kernzone des GOP als „ökologisches Katastrophengebiet“ ein. Hinzu kommen verschiedene Formen der Flächenverwüstungen durch Bergbauschäden, ungenehmigte Mülldeponien und verseuchte aufgelassene Industriebrachen. Bergbau und Industrie beeinträchtigen außerdem die Qualität des Trink- und Brauchwassers. Bis zum Jahr 1990 besaßen nur die wenigsten Kommunen und Industriebetriebe

Kläranlagen, sodass die Abwässer ungeklärt in die Flüsse eingeleitet wurden. Nach staatlichen Angaben unterlagen 65 % der Flüsse in dieser Region (gemessen an der Flusslänge) einer so starken Verschmutzung, dass sich das Wasser nicht einmal mehr für den Einsatz im industriellen Bereich eignete.

Durch Industrieabwässer verseuchter See in Oberschlesien

6 Isar-Valley: München – ein Zentrum der deutschen High-Tech-Industrie

In Bayern hat sich nach dem Zweiten Weltkrieg der Strukturwandel vom Agrarstaat zum Industrie- und Dienstleistungsland rasch vollzogen. Besonders die Stadt München verfügt über eine **diversifizierte** und **zukunftsorientierte** Wirtschaftsstruktur. Die Stadt ist eine der bedeutendsten europäischen Wirtschaftsmetropolen. Ihre Stärke liegt in forschungs- und entwicklungsintensiven Branchen (Eelektrotechnische Industrie, Fahrzeugbau, Luft- und Raumfahrtindustrie), in einem stark wachsenden Tertiären Sektor, in einer zunehmenden Zahl von Headquarterfunktionen multinationaler Konzerne sowie im überdurchschnittlich hohen Angebot weicher Standortfaktoren.

Europas Markt für Informationstechnik und Telekommunikation

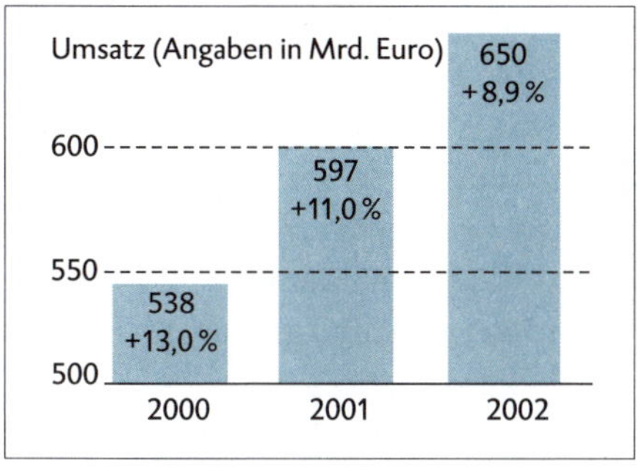

Innerhalb Deutschlands nimmt München im Bereich der **Informations- und Kommunikationstechnologien** (IuK) eine Spitzenstellung ein, weltweit rangiert die bayerische Landeshauptstadt auf Platz vier – nach Silicon Valley, Boston und Greater London. Über 70 000 Münchner erwirtschafteten im Jahr 1999 in dieser Branche 6,12 Mrd. €, mit steil steigender Tendenz.

Zu den Informations- und Kommunikationstechnologien zählen sämtliche Wirtschaftszweige, die Hardware, Software, elektronische Datenverarbeitung, herkömmliche und neue (z. B. Internet) Medien nutzen. In und um München haben sich in den vergangenen Jahren etwa 200 Hardware- und 900 Software-Firmen neu angesiedelt. Nach einer Studie der Industrie- und Handelskammer für München und Oberbayern beschäftigten 1998 in der Region München 18 000 Betriebe der IuK-Branche rund 260 000 Mitarbeiter. Viele dieser Unternehmen erwarten in den nächsten Jahren Umsatzsteigerungen von über 100 % jährlich (!).

Die führenden IuK-Regionen nach Beschäftigten 1998[24]

IuK-Region	Beschäftigte
Silicon Valley	207 000
Boston/Route 128	118 000
Greater London	80 000–100 000
München	70 000
Paris	61 000
Silicon Glen/Schottland	55 000
Silicon Hills/Texas	42 000
Seattle	34 000
Irland	30 000
Nürnberg/Fürth/Erlangen	15 500

24 Quelle: nach Süddeutsche Zeitung, 9. 10. 1999

Die Gründe für den Boom der **High-Tech-Industrien** in München sind vielfältig. Ausgangspunkt der Entwicklung war der Weltkonzern Siemens, der 1977 seine neue „Denkfabrik" im Stadtteil Neuperlach errichtete. Hier entwickeln bis zu 10 000 Beschäftigte, von denen die Hälfte Hochschul- und Fachhochschulabsolventen sind, Hard- und Software, wie z. B. die neueste Generation leistungsfähiger Bausteine für integrierte Schaltungen, so genannte Mega-Bit-Chips, die in den Siemens-Halbleiterfabriken weltweit, aber auch z. B. in Regensburg gefertigt werden. Der Elektronik-Konzern Siemens zog andere Firmen nach, z. B. durch die Vergabe von Software-Aufträgen an Subunternehmen oder durch seine Sogwirkung innerhalb der Branche.

Fast alle **Global Players** der IuK-Branche besitzen heute Niederlassungen in der Region München. Der Software-Gigant Microsoft beschäftigt in München 1 300 Mitarbeiter, Konkurrent Sun Microsystems hat seine Europazentrale an die Isar verlegt, die Software-Unternehmen SAP und Oracle, der Halbleiter-Marktführer Intel, Infineon und die Internet-Provider Netscape und Yahoo arbeiten in München.

Ein wesentlicher Faktor für diese Standortkonzentration ist die Verfügbarkeit **hoch qualifizierter Arbeitskräfte** in der Region. Für diese Zukunftsbranchen bieten die Fachrichtungen Naturwissenschaften und Mathematik der Münchner Universitäten viel Nachwuchs. Fast 30 000 Studenten sind in diesen Fachbereichen eingeschrieben. Aber auch in den Lehrberufen zeichnet sich eine breite Ausbildungsoffensive ab, jeder dritte Lehrling in einem deutschen IuK-Unternehmen lernt in München. Trotzdem ist angesichts eines Zuwachses von fast 150 000 neuen Arbeitsplätzen bis zum Jahr 2004 (Süddeutsche Zeitung vom 19. 4. 2000) die Bereitstellung der notwendigen Arbeitskräfte das größte Hemmnis. Im Jahr 2000 wurden von Münchner Datenverarbeitungsunternehmen bereits über 6 000 Fachkräfte zusätzlich gesucht.

Ein weiterer Indikator für das besondere Wachstum im Raum München ist der **Wissenschaftsstandort**. Mit den Sonderforschungsbereichen der Technischen Universität (Informationsverarbeitung, Halbleitertechnologie, parallele Rechnerarchitekturen, Simulation) und den staatlichen Forschungsinstituten der Max-Planck- und der Fraunhofer-Gesellschaft gelangt permanent technologisches Know-how an Universitäten und Unternehmen.

Ein wichtiger Standortfaktor ist die Ausrichtung der weltweit führenden **IuK-Messen** Systems, Systec und Electronica in München, die für einen schnellen Innovationsaustausch sorgen. München ist aber auch das deutsche Zentrum für Risikokapital (Venture Capital). 25 Risikokapitalfonds sind hier zu Hause, investieren bevorzugt in die IuK-Branche und bieten so für Firmengründer im Internet- und Multimediabereich ein positives Gründerklima.

Die besonders in der IuK-Branche notwendigen internationalen **Face-to-face-Kontakte** sind durch 237 Direktflugverbindungen in 65 Länder, davon 68 im Interkontinentalverkehr (Sommerflugplan 2005), vom Münchner Großflughafen im Norden der Stadt aus jederzeit möglich. Innerhalb weniger Jahre hat sich die Zahl der Passagiere fast verdoppelt. Durch viele neue Unternehmen ist die Zahl der durch den Flughafen geschaffenen Arbeitsplätze seit 1989 von 8 600 auf 23 000 im Jahre 2003 gestiegen. Im Umland des Flughafens wird mit 4 % (2005) die niedrigste Arbeitslosenquote in Deutschland registriert.

Deutlich mehr Passagiere am Flughafen München

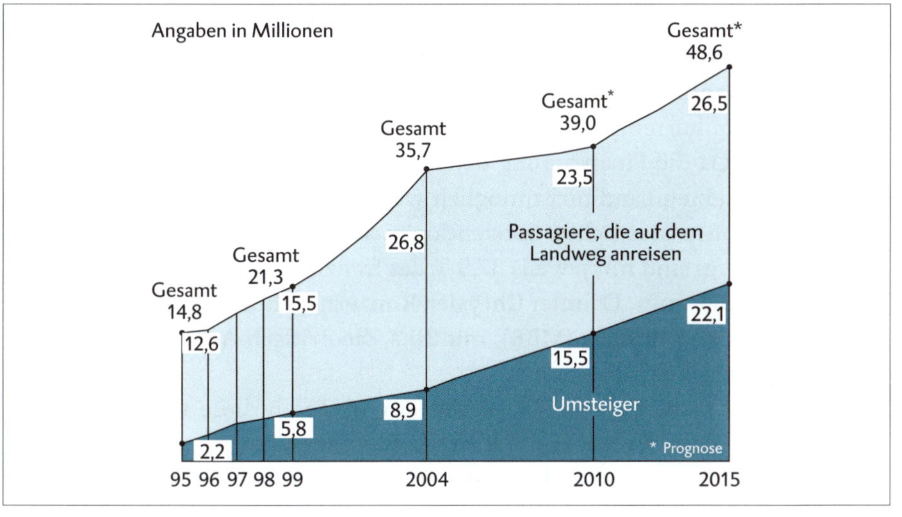

Jobmaschine Flughafen München

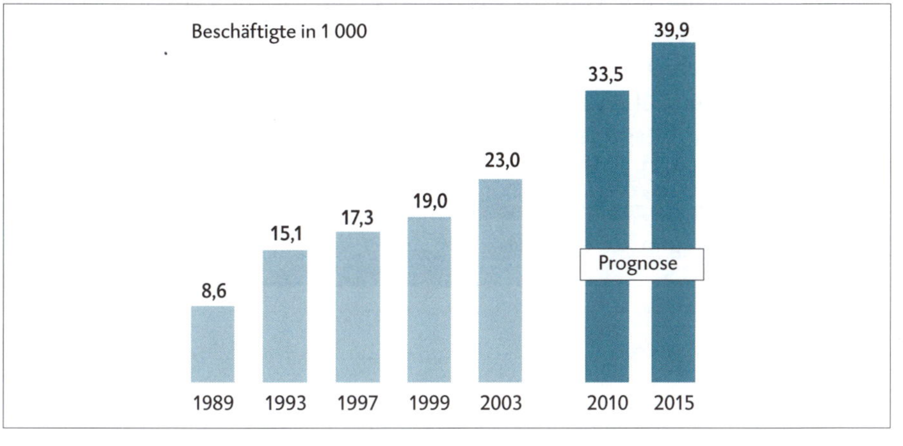

Schließlich begünstigen „**weiche**" **Standortfaktoren** wie das herausragende kulturelle Angebot, sportliche Großveranstaltungen auf dem Olympiagelände, und das attraktive südliche Münchner Umland mit seinen Seen und der Nähe zu den Alpen ein überaus positives Image der Stadt.

7 Airbus-Industrie – ein europäisches Gemeinschaftsunternehmen

Die Airbus-Industrie ist ein Beispiel für ein europäisches Projekt **industrieller Zusammenarbeit**. Airbus ist der Name für eine große Typenpalette von Passagierflugzeugen, die von der 1970 gegründeten Airbus Industries mit Sitz in Toulouse in Frankreich produziert werden. Die Großraumflugzeuge waren als europäische Konkurrenz zum übermächtigen US-amerikanischen Boeing-Konzern gedacht. Da die Finanzierung der hierfür notwendigen Spitzentechnologie einem einzelnen Land nicht möglich war, beteiligten sich vier europäische Staaten mit hohen staatlichen Subventionen an dem Projekt. Teilhaber an der Airbus Industries sind mit jeweils 37,9 % das französische Unternehmen Aerospatiale und die zum Daimler Chrysler-Konzern gehörende deutsche Messerschmidt-Bölkow-Blohm (MBB), mit 20 % die Britisch Aerospace und 4,2 % Anteil die spanische CASA.

Die Produktion der Airbus-Flugzeuge erfolgt durch diese **vier Unternehmen**. Einzelne Bauteile wie Heck, Rumpf, Zwischenstück, Cockpit oder Flügel werden in Spanien, Frankreich, Großbritannien und Deutschland hergestellt und in Toulouse in der Endmontage zusammengebaut. Hierfür werden mit einem speziell für den Transport großer sperriger Güter entwickelten Großraumfrachtflugzeug die vormontierten Teile von einem Fertigungsstandort zum anderen geflogen. Der Innenausbau geschieht in Hamburg, die Endkontrolle und die Übergabe an den Käufer erfolgen wiederum in Toulouse.

In Toulouse sind über 9 000 Mitarbeiter bei Airbus-Industries beschäftigt, dem größten und wichtigsten Arbeitgeber in dem peripheren und strukturschwachen französischen Südwesten. Ein Großteil der Arbeitskräfte sind hoch bezahlte Manager, Ingenieure und Techniker, die dazu beitragen, die Wirtschaftskraft der Region zu erhöhen.

Europäische Transportwege für den Airbus

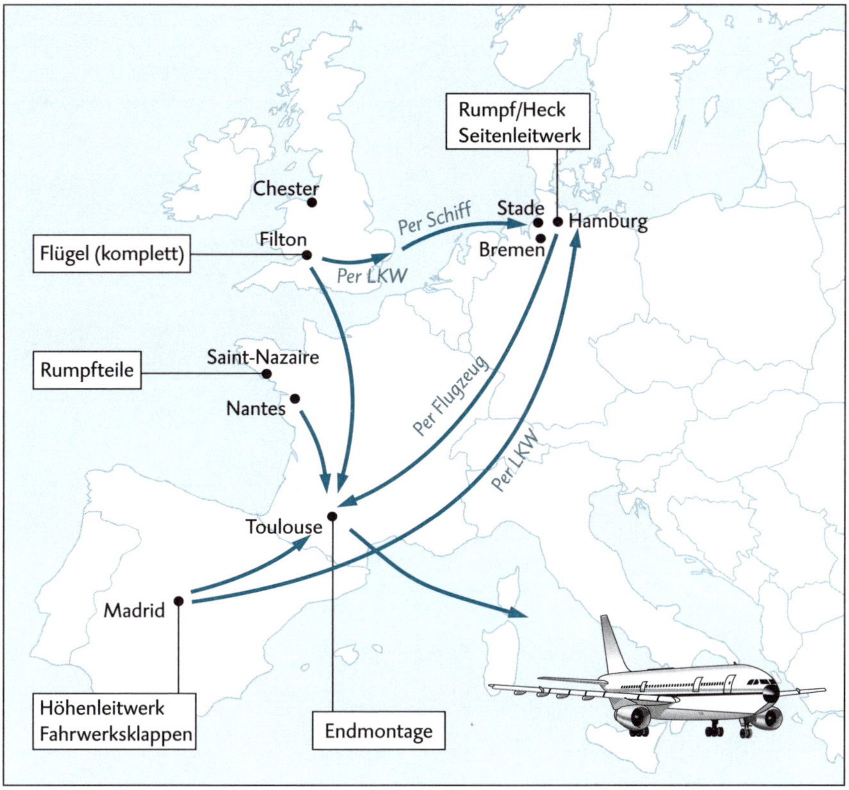

In Hamburg ist die Deutsche Airbus GmbH mit mehr als 8 000 Mitarbeitern einer der größten industriellen Arbeitgeber. Hinzu kommen mehrere Tausend Arbeitsplätze in der Zulieferindustrie. Der Standort Hamburg hat seit der Ansiedlung der kompletten Endmontage und Innenausrüstung des Typs A 321 an Bedeutung gewonnen und auch die Montage des neuen europäischen Super-Airbus A 380 wird zwischen den Airbus-Werken Toulouse und Hamburg aufgeteilt. Mit diesem Gemeinschaftsprojekt versucht Europa, auf dem **Weltmarkt** für High-Tech-Produkte und Spitzentechnologie konkurrenzfähig zu sein und so der wirtschaftlichen Vormachtstellung der USA entgegenzuwirken.

Stadtentwicklung in Europa

1 Entwicklungsphasen europäischer Städte

Städte und Stadtstrukturen spiegeln ihre Entstehungszeit und das Erbe ihres Kulturkreises wider. Die Mehrheit der europäischen Städte entstand während der **mittelalterlichen Gründungsphasen**. In der Zeit des Kolonialismus wurden Elemente der europäischen Stadt in andere Kontinente übertragen, beginnend mit der Weisung des spanischen Königs 1571, alle Siedlungen in Lateinamerika nach dem gleichen Raster anzulegen. Auch Frankreich und England gestalteten die Stadtviertel ihrer Herrschaftszentren nach europäischem Muster.

Die Römerstadt Regensburg aus der Vogelperspektive

Viele Städte in West- und Mitteleuropa gehen auf römische Gründungen zurück, aber nur bei wenigen (London, Paris, Köln, Regensburg, Wien) lässt sich eine Siedlungskontinuität nachweisen. Die **Römerstädte** waren durch ein streng rechtwinkliges Straßennetz gekennzeichnet, das nur noch wenige der Nachfolgesiedlungen (z. B. in Köln) in Ansätzen zeigen. Infolge der Umwälzungen durch die Völkerwanderung wurden die meisten Siedlungen der Römer aufgegeben und verfielen. Die spätere Überbauung der Ruinen erfolgte nach dem mittelalterlichen Muster mit unregelmäßig verlaufenden Straßen und Gassen, während in einigen italienischen Städten, z. B. in Ravenna oder in Como, der Grundriss des Castrums im Altstadtbereich noch erhalten ist.

Vom **Früh-** bis zum **Spätmittelalter** führten politisch-strategische und wirtschaftliche Gründe dazu, dass sich Mitteleuropa zu einem Raum mit intensiver Städtebildung entwickelte. Je mehr die Lehensherrschaft durch eine Territorialherrschaft ersetzt wurde, desto stärker waren die Herrscher bestrebt, ihr Territorium abzusichern. Die schnelle Verbreitung der Geldwirtschaft von Oberitalien (Venedig, Genua) ausgehend förderte den Außenhandel, sodass auch Fernhandelswege durch befestigte Siedlungen geschützt werden mussten.

Das durch wirtschaftlichen Aufschwung erstarkte Bürgertum erkämpfte sich mit dem Stadtrecht Privilegien, wie das Marktrecht[25], das Stapelrecht[26], das Mauerrecht bis hin zu Selbstverwaltung und eigener Gerichtsbarkeit. Einige Städte existierten sogar lange als unabhängige Stadtrepubliken (z. B. Mailand, Florenz) oder Freie Reichsstädte (z. B. Nürnberg, Augsburg). In zentralistischen Staaten wie England und Frankreich war Ähnliches nicht möglich.

In der Frühzeit **mittelalterlicher Stadtentwicklung** (8. bis Mitte 12. Jh.) waren weltliche und geistliche Herrschaftssitze (z. B. Burgen, kaiserliche Pfalzen, Klöster) Keimzellen der **gewachsenen Marktstädte**. Ab Mitte des 12. Jh. folgte in Mitteleuropa die Phase der **geplanten Stadtgründungen** im Auftrag **des Hochadels,** die im 13. Jh. ihren Höhepunkt erreichte. In diese Zeit fielen auch die Stadtgründungen im Zuge der Ostkolonisation. Die letzte Phase – von ca. 1300 bis 1450 – wurde vor allem vom **niederen Adel** getragen und führte zu einer Verdichtung kleiner Grenzstädte mit eingeschränkten Rechten.

In der **Neuzeit** (ab 1500) wurden außer einigen **Residenz**- (z. B. Versailles, Karlsruhe), **Flüchtlings**- (z. B. Hanau, Erlangen), **Festungs**- (z. B. Saarlouis, die Idealstadt Palmanuova bei Udine) und **Bergbaustädten** (Freudenstadt im Schwarzwald, St. Joachimsthal im böhmischen Erzgebirge) kaum weitere gegründet. Vor allem der Dreißigjährige Krieg hatte zu großen Bevölkerungsverlusten und zum wirtschaftlichen Niedergang der Städte geführt. Als Stadtplaner und -gestalter traten nur Fürsten und Landesherren auf. Geometrische Grundrisselemente, rasterförmige Straßennetze, breite Hauptachsen, die sternförmig auf zentrale Plätze zulaufen und die Ausrichtung auf repräsentative Gebäude der Staatsgewalt, wurden zu neuen Leitbildern der Stadtplanung.

25 Mit dem Ziel der Versorgung der Stadt und des Umlandes.
26 Fernhändler waren gezwungen, in einer Stadt mit diesem Recht ihre Waren anzubieten.

Der entscheidende Impuls für das Wachstum bestehender und die Entwicklung neuer Städte ging von der Industrialisierung im 19. Jh. aus. **Industriestädte** entwickelten sich bevorzugt an verkehrsgünstigen Standorten, z. B. an Eisenbahnknotenpunkten oder in der Nähe reichhaltiger Vorkommen von Bodenschätzen.

Im 20. Jh. wurden wenige neue Städte gegründet, hierzu zählen Gartenstädte wie Letchworth in England, Industriestädte wie z. B. Wolfsburg (1938), Entlastungsstädte für Metropolen wie Greater London oder Paris, an die sich Retortenstädte (New Towns, Villes Nouvelles) anlagerten. Auch in Nordwestdeutschland wurden solche Projekte in Sennestadt und Wulfen verwirklicht.

Die Ville nouvelle Saint-Quentin-en-Yvelines bei Paris

2 Prozesse der Verstädterung und Entstädterung

England als Mutterland der Industriellen Revolution war auch Vorläufer in der **Verstädterung**.[27] Schon um 1850 lag der Verstädterungsgrad bei 50 %. Überall in den schnell wachsenden Industriegroßstädten (Manchester: 1760: 12 000, 1850: 400 000 Einwohner) legte sich ein breiter Saum von **Fabrikanlagen** direkt um die Altstadt. Anschließend breiteten sich großflächig **Arbeiterwohnviertel**, geprägt durch Zeilen einfachster Behausungen, den so genannten Back-to-back Rows, in das Umland hinein aus, die den Zustrom aus Landarbeitern und Kleinbauern aufnahmen.

Diese Phase der **Urbanisierung**[28] setzte in Deutschland etwa 50 Jahre später ein und war in der Zeit von 1870 bis 1910 am intensivsten. Schon vor dem eigentlichen Beginn der Industrialisierung hatten sich hier Gewerbevorstädte

27 Verstädterung bezeichnet das Wachsen der Städte nach Anzahl (Stadtentwicklung), Einwohnerzahl (demografische Verstädterung) und Fläche (physiognomische Verstädterung).
28 Urbanisierung beschreibt die Ausbreitung der städtischen Lebensweise und städtischer Tätigkeiten bis in nicht städtische Räume.

mit Manufakturen und Handwerksbetrieben entwickelt, denen die Zünfte die Niederlassung in der Stadt verwehrt hatten. Anders als in Großbritannien begann in Deutschland die Entfestigung der Städte erst nach dem Wiener Kongress (1815) und so siedelten sich flächenintensive Betriebe in größerer Entfernung von der Altstadt an, wodurch zwischen dem später geschleiften Mauerring und den Betriebsgebäuden große Flächen unbebaut blieben. Die rasch wachsende Bevölkerung benötigte Wohnraum in der Nähe des Arbeitsplatzes. Deshalb entstanden auf den Freiflächen zwischen Altstadt und Industriebetrieben gründerzeitliche Arbeiterwohnviertel.

Gründerzeitliche Arbeiterviertel in Nürnberg

Deren Kennzeichen war eine dichte Blockbebauung mit vier- bis fünfstöckigen Mietshäusern und die Überbauung der Innenhöfe. Die Gebäude in den Hinterhöfen wurden häufig von Handwerkern und Kleingewerbetreibenden genutzt.

Überbauung der Innenhöfe

In **Südeuropa** ging der Prozess der Verstädterung aufgrund der schon früh einsetzenden Landflucht dem der Industrialisierung voraus, weshalb die gründerzeitlichen Ausbauviertel nur in wenigen Ausnahmefällen vorhanden sind.

In den meisten europäischen Städten, vor allem in den Großstädten, setzten bereits im ausgehenden 19. Jh. Prozesse funktionaler und sozialer Differenzierung ein. In Abhängigkeit von der Leistungsfähigkeit der Verkehrsmittel dehnte sich die Bebauung in das noch ländlich geprägte Umland aus. Wachsende Industriebetriebe suchten Erweiterungsflächen mit Bahnanschluss außerhalb der Stadt. Durch den Bau von Bahnhöfen und die Anlage von Drehscheiben des innerstädtischen Verkehrsnetzes (Straßenbahn, U-Bahn, Bus) wurden **City-bildungsprozesse** gefördert, die zur Verlagerung der Hauptgeschäftsstraßen in Richtung des Bahnhofs und der Verkehrsknotenpunkte führten.

Die überfüllten Straßen und die hohe Umweltbelastung veranlassten Angehörige der Oberschicht, sich bessere Wohnstandorte mit gutem Verkehrsanschluss außerhalb der Stadt zu suchen; oft wurden bisherige Sommer- in Dauerwohnsitze umgewandelt. Die bisher so kompakte Stadt begann bereits in Ansätzen zu „zerfließen".

Wachstum der Stadtfläche in Abhängigkeit vom ÖPNV[29]

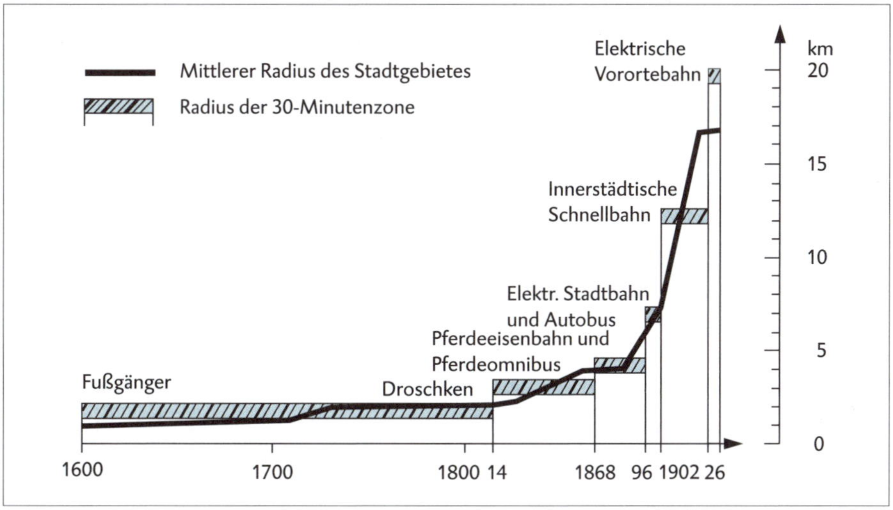

Unterbrochen und verzögert durch die Weltkriege beschleunigten sich diese Prozesse nach 1960 besonders im Deutschland des Wirtschaftswunders, mit einer gewissen Verzögerung auch in den anderen westeuropäischen Ländern. Die gestiegenen Durchschnittseinkommen, vor allem die Weichenstellung in der Verkehrspolitik zugunsten des Individualverkehrs, erlaubte es einem zunehmend größeren Teil der Bevölkerung, den Traum vom Eigenheim im Grünen zu verwirklichen. Der Aus- und Neubau von Autobahnen und Schnellstraßen ließ immer weitere Pendlerwege zu, wodurch der Prozess der **Suburbanisierung der Bevölkerung**[30] die Städte zusehends ins Umland ausufern ließ. Die Folge war eine zunehmende **soziale Segregation** in Ober- und Mittelschicht-

29 Öffentlicher Personennahverkehr
30 Suburbanisierung i. e. S.: flächiges Wachstum der Städte über ihre Verwaltungsgrenzen hinaus

viertel, während die Unterschicht sich in den alten Arbeiterquartieren am Stadtrand konzentrierte.

Da die Verteuerung der Grundstücke auch das Umland erfasste, wurden in den 80er Jahren auch Baugebiete am Rande dörflicher Gemeinden und kleiner Städte in größerer Entfernung erschlossen, da nur dort noch erschwinglicher Wohnraum zu schaffen war. Dieser Prozess der **Deurbanisierung** (oder Entstädterung) hält immer noch an.

In Südeuropa ging die Urbanisierung auch in den 70er Jahren als Folge der Landflucht weiter, gekennzeichnet durch teils illegale Behelfssiedlungen am Stadtrand, die erst später durch Wohnblocks ersetzt wurden; deshalb prägen nicht so sehr Reihenhaussiedlungen, sondern große Miet- und Eigentumswohnungseinheiten den Stadtrand vieler italienischer und spanischer Städte. Der Prozess der Deurbanisierung scheint in Südeuropa ebenfalls schwächer ausgebildet zu sein. Die Wohnung in der Stadt wird beibehalten, während die Zweitwohnsitze auf dem Land oder an der Küste zunehmen.

3 Funktionale Gliederung und Viertelbildung

Bereits in der vorindustriellen Stadt gab es eine Art funktionale Differenzierung. Es existierte keine freie Standortwahl und die Verteilung bestimmter Gewerbe über das Stadtgebiet war das Ergebnis strenger Niederlassungsauflagen. Die Regel waren **gemischte Wohn- und Gewerbegebiete**. Im Verlauf der Industrialisierung begann ein **Entmischungsprozess**, zuerst ungeregelt nach dem Prinzip Angebot und Nachfrage, bald aber nach Auflagen der Stadtplanung (Flächennutzungsplan, Bebauungsplan). So entwickelten sich **monofunktionale Viertel**: Industrie-, Wohn-, Dienstleistungsviertel, anfänglich in konzentrischer Anordnung. Mit dem Ausbau der Verkehrsinfrastruktur dehnten sich diese Viertel sektoral entlang der Hauptverkehrsachsen aus.

Der Prozess der **Citybildung** führt zu einer steigenden Konzentration von Geschäften für den selteneren und hochwertigen Bedarf in den Haupt- und Nebengeschäftsstraßen im Citykern, aufgewertet durch Verkehrsberuhigung und Fußgängerzonen. In den Obergeschossen sind Büro- und Praxisstandorte hochwertiger Dienstleistungen (Ärzte, Rechtsanwälte, Consultingbüros, Immobilienmakler etc.) die Regel. Am **Cityrand** finden sich Banken- und Versicherungsviertel mit entsprechend aufwändiger Architektur. Für diese Branche ist die Laufkundschaft nicht relevant, vielmehr der direkte Kontakt zu Kredit- und Vertragsnehmern aus der Wirtschaft, deren Verwaltungszentralen auch diesen Standort bevorzugen, um Fühlungsvorteile wahrzunehmen, während die Produktionsanlagen nach außen verlagert wurden.

Durch die **Tertiärisierung** der Wirtschaft findet in allen großstädtischen Citylagen, mit zunehmender Globalisierung vor allem in großen Metropolen, ein Kampf um die besten Standorte in City-Nähe statt, der über den Boden- und Mietpreis ausgetragen wird. Der daraus resultierende **Verdrängungswettbewerb** vertreibt weniger kapitalkräftige Funktionen, die durch tertiäre und quartäre Einrichtungen ersetzt werden. Die hohe Konzentration der Arbeitsplätze und der scharfe Wettbewerb um Grund und Boden führen dazu, dass die **Tagbevölkerung** weiter zunimmt, die **Nachtbevölkerung** dagegen kontinuierlich schrumpft.

Bodenpreisgradienten und Bauklassen

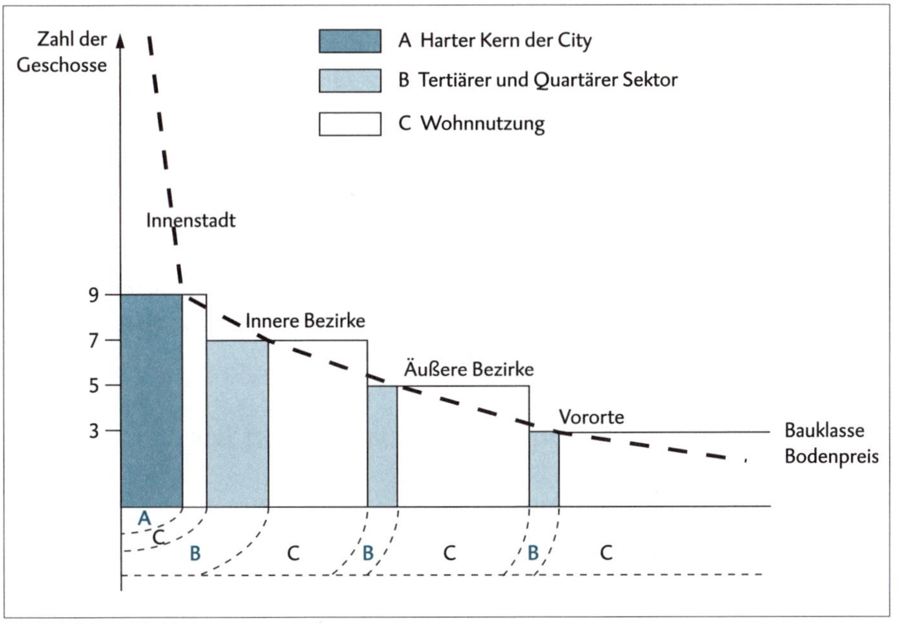

Der **Suburbanisierung** der Bevölkerung (an den Stadtrand und in das Umland) folgten bereits Ende der 60er Jahre Einrichtungen des **Einzelhandels** in Form von großflächigen Verbrauchermärkten. Hierfür wurden Standorte am Stadtrand mit guten Anschlüssen an Ausfallstraßen bevorzugt, um mit großen Parkflächen motorisierte Kunden aus einem großen Umkreis anzulocken. Ähnliche Vorgänge erfassten den **Sekundären Sektor**, dessen alte Standorte keine Erweiterung zuließen oder für eine Modernisierung nicht geeignet waren und dessen Verkehrsanschlüsse für den zunehmenden Lkw-Lieferverkehr ungünstig lagen.

In jüngerer Zeit verstärkt sich die Verlagerung auch von hochwertigen unternehmensbezogenen Dienstleistungen, die ebenfalls eine leistungsfähige Infrastruktur und schnelle Verkehrsverbindungen suchen und diese in komplett geplanten Büroparks am Stadtrand und im näheren Umland vorfinden. Diese Entwicklung wird über einen längeren Zeitraum dazu führen, dass sich die bisher – im Vergleich zu amerikanischen Städten – relativ kompakte europäische Stadt mit einer beherrschenden Kernstadt zunehmend zu einem **polyzentrischen Gebilde** von Büro-, Technologie- und Wissenschaftsparks in der Peripherie entwickelt, in denen immer größere Anteile des Bruttoinlandsproduktes (BIP) erwirtschaftet werden. Die Folge für die traditionellen innenstadtnahen Industrie- und Gewerbeviertel könnte eine **Marginalisierung** sein, wenn nicht Stadt- und Raumplanung diesen Gebieten durch Sanierung und Erneuerung der Infrastruktur eine neue Qualität verleihen, die sie als Wohnstandorte für höhere Einkommensschichten sowie für cityorientierte Dienstleistungsbranchen interessant machen.

Wenn die Einkommensschere zwischen den reichen und den armen Bevölkerungsteilen sich auch in Europa weiter öffnen sollte („Zwei-Drittel-Gesellschaft"), könnte die Erscheinung der „Gated Communities" aus den USA auch nach Europa vordringen – umzäunte Oberschichtsiedlungen mit Wachpersonal, wie sie in Ansätzen bereits im Speckgürtel von Paris entstanden sind.

4 Städtebeispiel Berlin – Hauptstadt und Metropole

4.1 Historische Entwicklung

Die Geschichte der Stadt Berlin beginnt im ausgehenden 12. Jh. als in der Spreeniederung durchreisende Kaufleute die ersten Niederlassungen, Berlin und Cölln, anlegten. Nach deren Zusammenschluss 1307 entwickelte sich die aufblühende **Handels-** und **Handwerkerstadt** zum städtischen Mittelpunkt der Mark Brandenburg. Die Ernennung Berlins zur kurfürstlichen Residenzstadt Mitte des 15. Jh. erhöhte die politische, administrative, wirtschaftliche und kulturelle Bedeutung der Stadt.

Unter den preußischen Königen setzte sich der Aufschwung Berlins als **Industriestadt** fort. Handwerkliche Tradition und die Hofhaltung wichtiger Gewerbe wie z. B. die Textilverarbeitung waren die Grundlage für die wirtschaftliche Entwicklung. Der Maschinenbau entwickelte sich unterstützt durch den Bau der Eisenbahn zur Schlüsselindustrie. 1871 wurde Berlin zur **Reichshauptstadt**, in der die neuen Reichsbehörden ihren Sitz hatten. Ende des 19. Jh. erreichte das Tempo der Industrialisierung seinen Höhepunkt. Zahlreiche Fabriken und Banken entstanden, neue Fernbahnlinien wurden eröffnet. Die Stadt wurde so zum Mittelpunkt eines nationalen und internationalen Verkehrsnetzes. Die sich nach dem Ersten Weltkrieg ergebenden Verkehrs- und Versorgungsprobleme erforderten 1920 die Bildung von **„Groß-Berlin“**, eine Verwaltungseinheit von acht Stadt- und 59 Landgemeinden. Die neue Stadt wurde schließlich in 20 Bezirke aufgeteilt (nach 1990 23 Bezirke, durch die Verwaltungsreform am 1. Januar 2001 reduziert auf 12 Bezirke).

Das Brandenburger Tor war das Symbol der deutschen Teilung

In den 20er Jahren lag die Bedeutung Berlins besonders in seiner Stellung als **geistiges** und **kulturelles Zentrum** von Weltrang. Zu Beginn des Zweiten Weltkrieges 1939 hatte Berlin 4,34 Mio. Einwohner; mit 574 000 Industriebeschäftigten war es die größte deutsche **Industriestadt**. Gleichzeitig war die Stadt mit ihren zahlreichen Firmensitzen und Hauptverwaltungen deutscher und ausländischer Konzerne ein bedeutendes **Wirtschafts- und Finanzzentrum** mit fast 900 000 Arbeitsplätzen im Tertiären Sektor. 1945 übernahmen die Alliierten die Oberste Gewalt in Berlin. Nach der **Spaltung der Stadt** wurde 1949 Ost-Berlin zur Hauptstadt der DDR und damit Machtzentrum eines sozialistischen Staates mit Plan- und Zentralverwaltungswirtschaft, während die Insellage West-Berlins mit seinem politischen Sonderstatus durch den Bau der Mauer 1961 verstärkt wurde.

Seit der Vereinigung Deutschlands 1990 sieht sich die Stadt vor die Aufgabe gestellt, ihre durch die vierzigjährige Trennung unterschiedlichen Strukturen und sozialen Gegebenheiten anzugleichen, die traditionellen Verflechtungen mit dem Umland wieder aufzubauen und den Anforderungen an eine Metropole und **Hauptstadt** Deutschlands gerecht zu werden.

Das neue Berlin

Berlin nach dem Fall der Mauer	Berlin als Hauptstadt Deutschlands	Berlin als ein kulturelles Zentrum Deutschlands
→ neue Möglichkeiten der Stadtentwicklung → Dezentralisierung → Neue Wohn- und Gewerbegebiete am Stadtrand → Funktionale Verflechtung mit dem Umland → Aus- und Neubau städtischer und regionaler Verkehrssysteme → „Global City" in der neuen Mitte Europas als Handels-, Wirtschafts-, und Verkehrsdrehscheibe	→ Regierungs- und Parlamentssitz → Sitz der Bundeszentralen der deutschen Parteien, Verbände der Wirtschaft und sozialer Organisationen → Standort ausländischer Botschaften und Handelsrepräsentanzen	→ Standort von drei Universitäten, 14 Hoch- und Fachschulen, internationaler Schulen und Akademien → Große Zahl von weltbekannten Museen, Theatern, Opernhäusern, Orchestern und Bibliotheken → Veranstaltungsort internationaler Tagungen und Kongresse

4.2 Funktionale und soziale Gliederung

Die Wiedervereinigung der Stadt, die Übernahme der Hauptstadtfunktionen und die neu entstehende funktionsräumliche Verknüpfung mit dem Bundesland Brandenburg bestimmen vielfältig und nachhaltig die Stadtentwicklung.

Das Stadtmodell in der nachfolgenden Abbildung zeigt

- die Orientierung der Stadtentwicklung an dem **Achsen- und Radialsystem** des Schienen- und Straßenverkehrs,
- die Freihaltung radialer, bis in den inneren Stadtraum hinein greifender **Grünkeile**,
- die **polyzentrale** Stadtstruktur auch im Bereich der Stadtmitte und
- die **Dezentralisierung** durch Stärkung von Sekundärzentren an den Endpunkten der Entwicklungsachsen.

Modell der Stadtstruktur 2000

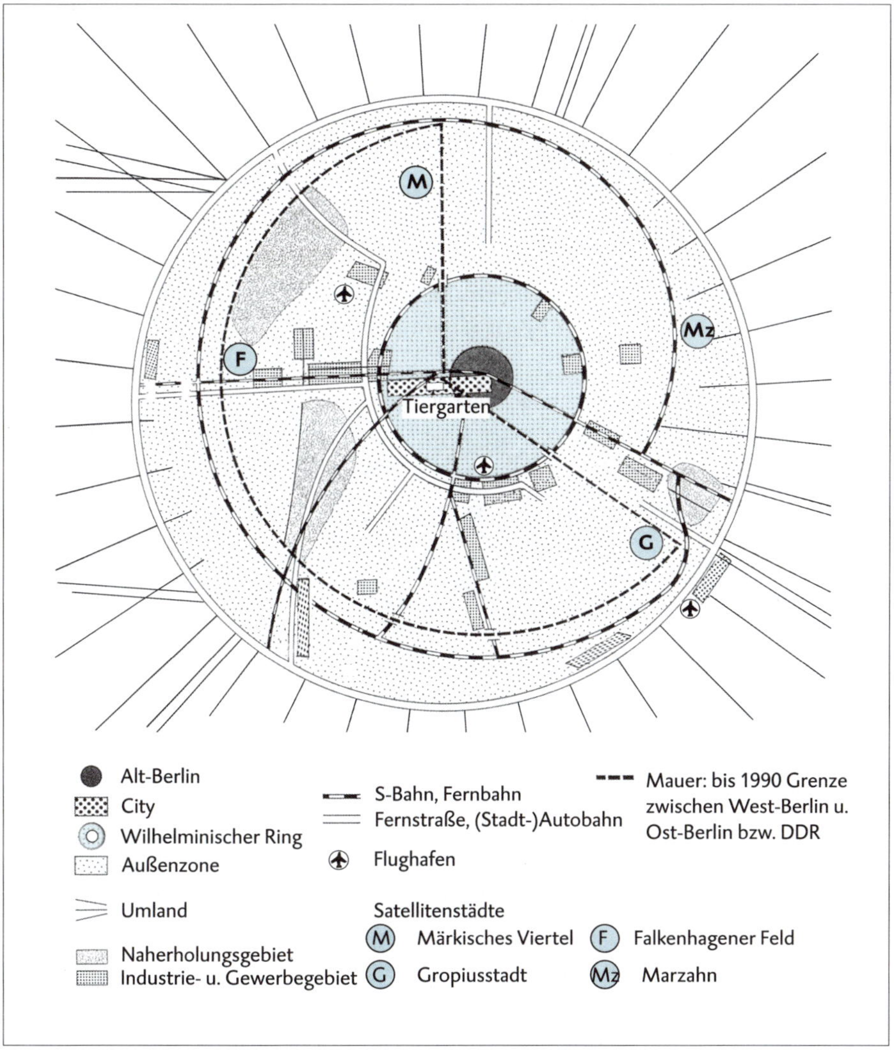

Dazu kommen global ausgelöste und regional wirkende sektorale Veränderungen der Wirtschaftsstruktur, hier vor allem der Prozess der **Deindustrialisierung**. In den 90er Jahren gingen fast zwei Drittel der Arbeitsplätze im verarbeitenden Gewerbe verloren. Der industrielle Zusammenbruch im Ostteil der Stadt und der Wegfall staatlicher Subventionen für West-Berliner Industriebetriebe beschleunigten den Niedergang des Sekundären Sektors. So verwundert es nicht, dass die Bundeshauptstadt ihre Zukunft vor allem als

Dienstleistungsmetropole sieht. Tatsächlich sind im Tertiären Sektor seit 1990 130 000 neue Arbeitsplätze geschaffen worden. Mit dem Blick auf die Metropolenfunktion rücken vor allem Dienstleistungen mit überregionaler und internationaler Bedeutung in den Vordergrund wie z. B. das Finanz- und Kreditwesen, Beratungsleistungen (Rechts- und Unternehmensberatung, Architektur und Planungsbüros, Softwarehäuser, Werbeagenturen), der Medienbereich und im Zusammenhang mit dem Tourismus der Kultursektor.

Die polyzentrale Struktur Berlins spiegelt sich auch in der **Zentrenstruktur** der inneren Stadt wider. Dem alten zweipoligen Zentrum in Berlin-Mitte mit Alexanderplatz und Friedrichstraße steht das Zentrum im Westen mit Kurfürstendamm und Bahnhof Zoo gegenüber.

Flächenpotenziale für Neuansiedlungen im Dienstleistungssektor

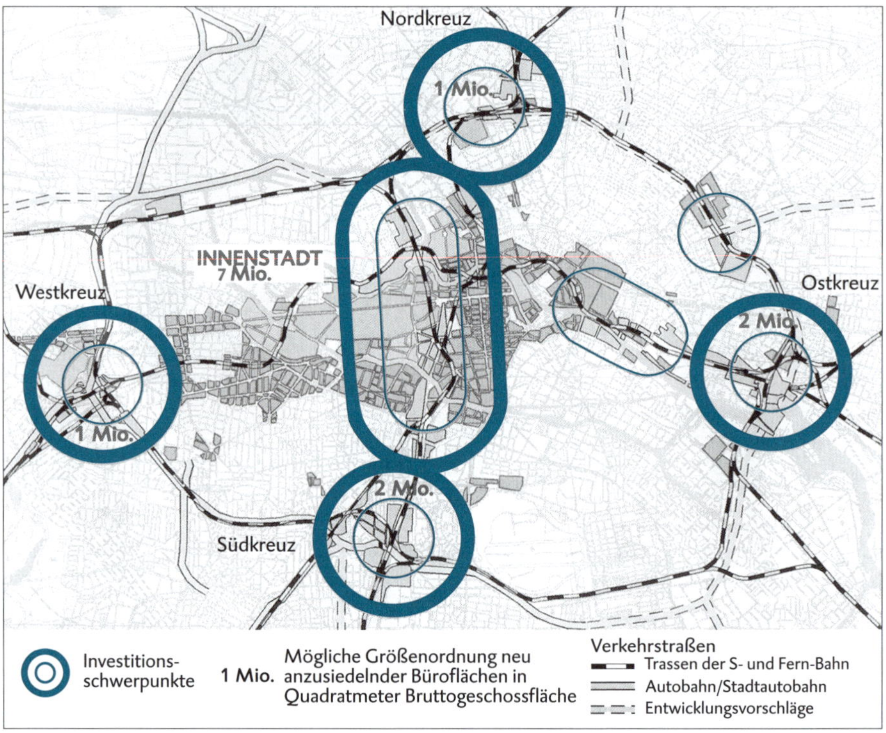

Leitidee der Stadtplanung ist heute die Verdichtung und Stärkung der beiden Hauptzentren: Hochwertiges Einkaufen am Kurfürstendamm und der Friedrichstraße, Kultur im Bereich der Museumsinsel und dem Kulturforum, Parlament und Regierungsgebäude im Spreebogen und hochrangige Dienstleistungen sowie erste Firmenadressen am Potsdamer Platz. Diese Aufwertung der Innenstadt soll durch neue Zentren an den Kreuzungspunkten der öffentlichen Verkehrsmittel (West-, Nord-, Ost-, Südkreuz) ergänzt werden.

Potsdamer Platz – zahlreiche Großkonzerne haben sich hier Niederlassungen eingerichtet

Bis zur Vereinigung 1990 hat die Abkapselung Berlins von seinem **Umland** die Bildung einer typischen Metropolenregion verhindert. Der im vergangenen Jahrzehnt einsetzende Expansionsdruck droht den einmaligen märkischen Kultur- und Landschaftsraum zu zerstören. Seit 1991 zogen 170 Betriebe mit 8 000 Arbeitsplätzen aus Berlin in das Umland. Im neuen **„Speckgürtel“** entstanden zusätzlich mehr als 500 neue Unternehmen, gefördert durch das Land Brandenburg. 50 000 Berliner pendeln täglich zu ihren Arbeitsplätzen in das Umland, 100 000 Brandenburger fahren zu ihrer Arbeitsstelle nach Berlin. Gleichzeitig sinkt die Einwohnerzahl Berlins, da Umzugswillige durch günstige Grundstückspreise (halb so hoch wie in Berlin), die S-Bahn-Anbindung an die City und einen hohen Freizeit- und Erholungswert angelockt werden.

Mehr als 130 000 Berliner sind seit 1991 in das Umland gezogen, wo der Bau von Reihen- und Einfamilienhäusern boomt, während in der Innenstadt Mietwohnungen an den lärmbelasteten Hauptverkehrsstraßen seit Jahren leer stehen. Im bisher agrarisch dominierten Umland entstanden überdimensionierte Einkaufzentren und über 100 Gewerbegebiete, deren Flächen aber zur Hälfte noch keinen Nutzer gefunden haben. Mangelhafte Raumordnungspolitik und fehlende Zusammenarbeit der Bundesländer Berlin und Brandenburg sind eine Ursache für diese unkoordinierte **Suburbanisierung** im Berliner Umland.

Das Konkurrenzdenken zwischen den beiden Bundesländern sowie einzelnen Städten und Gemeinden verstärkte diesen Prozess zusätzlich. Ein Vertrag über die Schaffung eines neuen Bundeslandes Berlin-Brandenburg scheiterte 1996 an der ablehnenden Haltung der Bürger Brandenburgs. Dennoch übertrugen inzwischen beide Länder einen Teil ihrer Planungskompetenz an eine gemeinsame Landesplanungsabteilung.

Das raumordnerische Leitbild

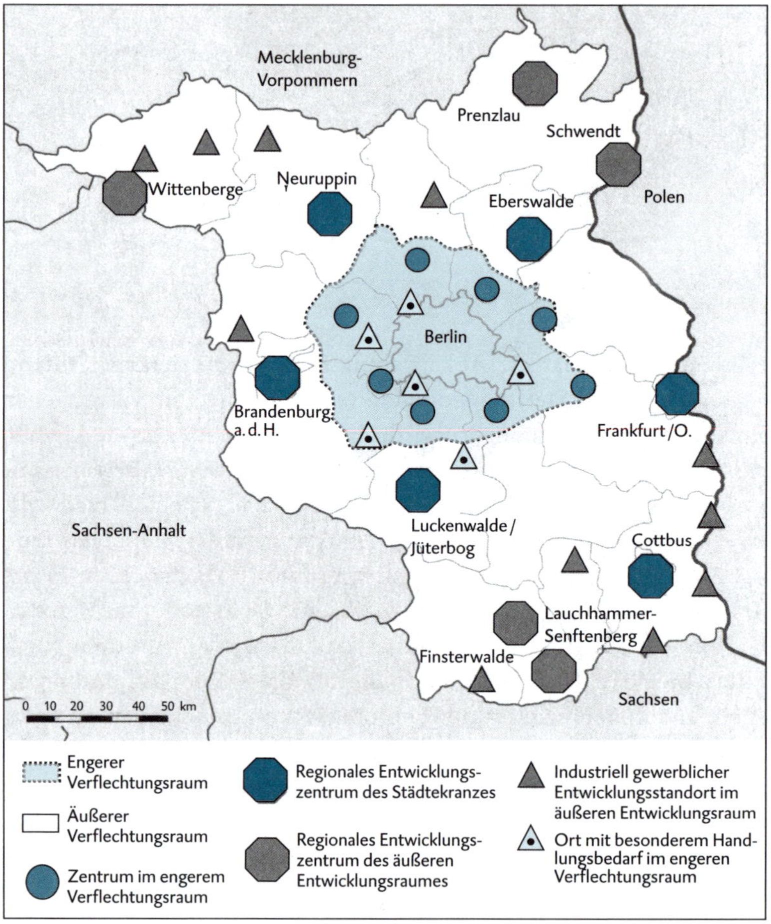

5 Städtebeispiel Paris – Primatstadt und Global City

In Europa zählt gegenwärtig neben London nur Paris zu den so genannten Global Cities, in denen der Quartäre Sektor besonders stark vertreten ist. Dieser umfasst Führungs- und Kontrollfunktionen international tätiger Unternehmen.

Die Kernstadt Paris und ihre Agglomeration erfüllen folgende Bedingungen für eine **Global City**: Hier haben zahlreiche Institutionen des internationalen Finanzkapitals (Börsen, Banken) sowie Hauptquartiere transnationaler Konzerne und internationaler Institutionen (UNESCO, OECD, ESA) ihren Sitz. Diese Einrichtungen profitieren von der Funktion dieser Stadt als Drehscheibe des nationalen und internationalen Verkehrs. Die Konzentration von Politik und Verwaltung, von Spitzenkräften aus Wissenschaft und Forschung bietet in Verbindung mit einem breiten Angebot hochwertiger unternehmensorientierter Dienstleistungen viele Fühlungsvorteile. Die hervorragenden Einkaufsmöglichkeiten, Bildungs-, Kultur- und Freizeiteinrichtungen gelten als bedeutender Standortvorteil bei der Anwerbung hoch qualifizierter Mitarbeiter.

5.1 Historische Entwicklung

Die beherrschende Stellung der Stadt als **politisches**, **wirtschaftliches** und **kulturelles Zentrum** Frankreichs hat sich über Jahrhunderte entwickelt – seit über 1 000 Jahren ist Paris Hauptstadt. Deren Dominanz wurde durch Napoleons Entscheidung, Paris zum Kontrollzentrum eines streng zentralistisch verfassten Staates zu erheben, untermauert. Die Ausrichtung des gesamten Verkehrsnetzes auf die Hauptstadt verfestigte diese Ausnahmestellung.

Im 19. Jh. wurde Paris mit seinen Vororten im Norden und Nordwesten auch zum führenden **Industriestandort** Frankreichs. Dies löste einen immensen Zuwanderungsstrom aus, der die Einwohnerzahlen rasch ansteigen ließ. Die Agglomeration wuchs von 1840 bis 1940 um 4,6 Mio., ganz Frankreich nur um 4,9 Mio.

Das **chaotische Wachstum** der Bebauung im Zuge der Industrialisierung machte städtebauliche Veränderungen notwendig. Von 1853 bis 1870 wurden über zwei Drittel der historischen Bausubstanz niedergerissen und durch breite Straßenachsen mit einheitlichen Häuserzeilen ersetzt, die das Erscheinungsbild von Paris bis heute prägen. Zur Reorganisation der Verwaltung wurde die Stadt in 20 Arrondissements eingeteilt.

Der Großraum Paris – politische und zonale Gliederung

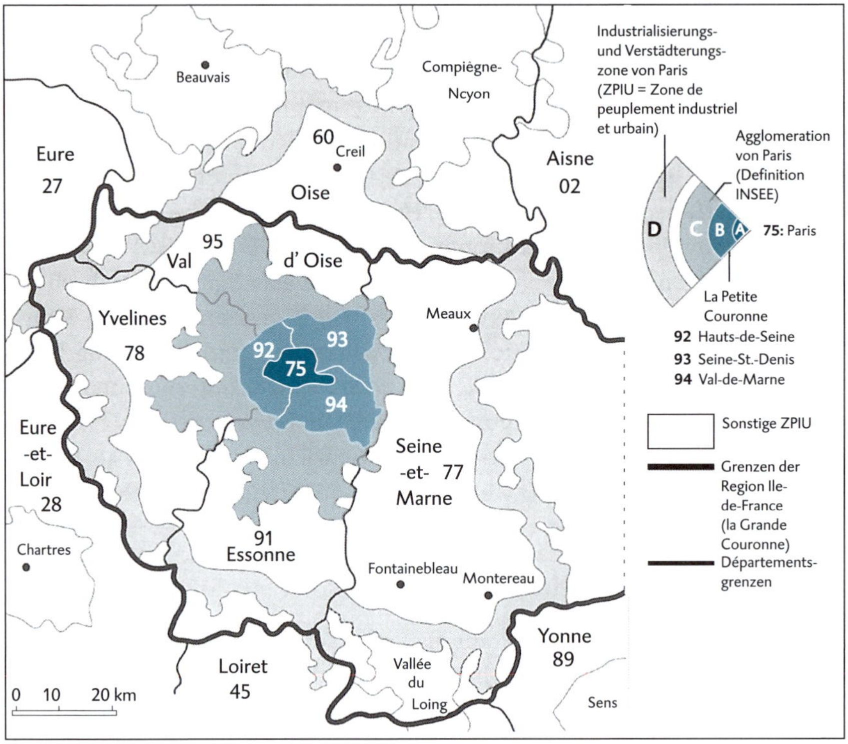

Seither beschränkt sich die Zuständigkeit der Stadtverwaltung auf dieses kleine Areal von 105 km². Aussagen zur Stadtentwicklung können sich deshalb nicht nur auf die Kernstadt beziehen, sondern betreffen die gesamte Agglomeration[31] Paris. Diese umfasst weniger als ein Viertel der Fläche der Region Ile-de-France, mit 9,645 Mio. Einwohner entfallen auf sie aber 88 % der Gesamtbevölkerung der Region.

Im 20. Jh., vor allem nach 1950, dehnte sich die Stadt entlang der Hauptverkehrslinien weiter in das Umland aus. Dieser **Verstädterungsprozess** war teilweise die Folge bewussten politischen Handelns auf nationaler und kommunaler Ebene und teilweise das Ergebnis des Strukturwandels in der Wirtschaft.

31 Sie besteht aus der *ville centre* (Kernstadt), dem engeren verstädterten Bereich, der *banlieue* (Erweiterungsgebiet) und dem weiteren verstädterten Bereich, der *couronne périurbaine* (verstädterte oder im Prozess der Verstädterung fortschreitende Zone).

5.2 Funktionale und soziale Gliederung

Die Dominanz der **Primatstadt** Paris zeigt sich deutlich bei hochwertigen Einrichtungen im **tertiären**, vor allem aber im **quartären Bereich**. Verwaltung, Wissenschaft, Pressewesen, Firmenzentralen, Banken und Versicherungen konzentrieren sich in der Kernstadt von Paris wie nirgendwo sonst in Frankreich. Die dichte Überbauung und die daraus folgende Bodenknappheit bei anhaltend starker Nachfrage aufgrund der hohen Standortattraktivität führen zu einer immensen Preissteigerung und zu einem Verdrängungsprozess, dem weniger renditeträchtige Funktionen wie Wohnen, einfache Dienstleistungen und Teile des produktiven Gewerbes weichen müssen. Die Suche nach zentralen Bürostandorten wird auch auf die Oberschichtviertel im Südwesten ausgedehnt.

Die **Agglomeration** nimmt auch in zukunftsorientierten Branchen im **High-Tech-Bereich** eine führende Stellung ein, deren Forschungs- und Entwicklungsabteilungen sich in der Region (Ile-de-France) konzentrieren. Kernpunkte solcher Wissenschafts-, Technologie- und Büroparks sind u. a. TGVille bei Massy im Süden, das Entwicklungsgebiet um den Flughafen von Roissy und die Cité Scientifique im Südwesten der Region. Typisch für **Global Cities** ist die Tendenz, dass die Agglomeration nicht mehr in konzentrischen Ringen wächst, sondern in der Peripherie mehrere hochmoderne Dienstleistungszentren entstehen, die untereinander mit leistungsfähigen Verkehrs- und Kommunikationsnetzen verbunden sind und so ein polyzentrisches Netzwerk bilden. Dies lässt sich auch anhand der folgenden Abbildung nachvollziehen.

Neue Standortmuster von Aktivitäten in französischen Metropolen

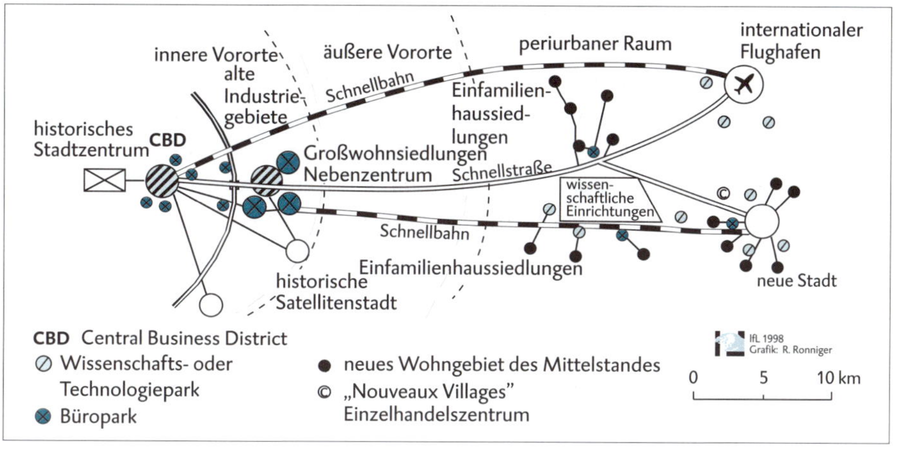

Die **soziale Differenzierung** der Kernstadt nach Berufsgruppen ist der nächsten Abbildung zu entnehmen. Deutlich wird die Präferenz der Oberschicht für den Westen der Stadt (Arr. 7, 8, 16, 17 Süd), während im Osten und Norden sehr dichte Arbeiterviertel (Arr. 17 Nord bis 20) durchsetzt mit Industrie und Kleingewerbe liegen. Die Arbeiterviertel dehnen sich nach Norden und Osten, die Oberschichtviertel nach Westen in den „Speckgürtel" der Banlieue (Boulogne-Billancourt, Neuilly-sur-Seine, Saint-Germain-en-Laye, Versailles) aus.

Sozio-professionelle Gliederung der Stadt Paris

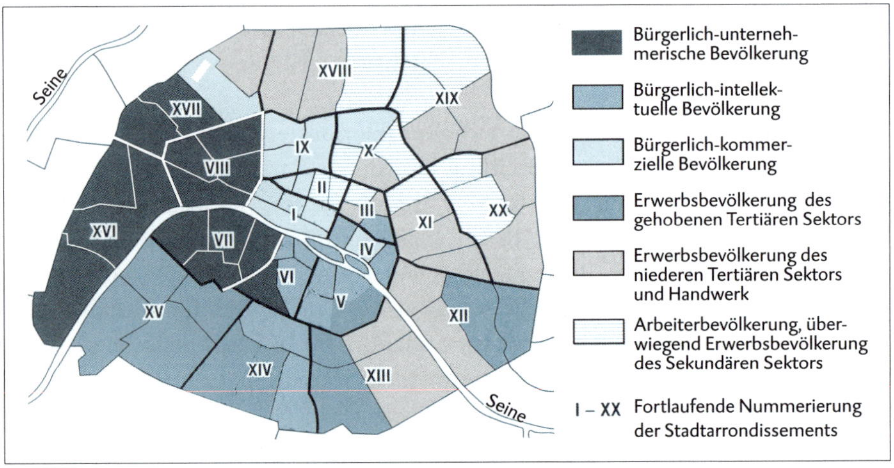

In den letzten 20 Jahren kam es verstärkt zur Rückkehr von Angehörigen der Oberschicht in die Kernstadt. Bevorzugte Zielgebiete in diesem **Re-Urbanisierungsprozess** sind sanierte Arbeiterviertel, etwa im Umkreis der Opéra Bastille. Durch Überbauung großflächiger Gleisanlagen am Gare d'Austerlitz und am Gare de Lyon wurde Raum für Bürokomplexe und Luxuswohnungen für gut verdienende Singles und Paare gewonnen. Diese Aufwertung erhöht den Veränderungsdruck auf die umliegenden einfacheren Wohngebiete und verstärkt die Verdrängung gering Verdienender. Deshalb weist die Agglomeration – im Gegensatz zu vielen mitteleuropäischen Städten – ein **zentral-peripheres Sozialgefälle** auf.

Das zentral-periphere Sozialgefälle in französischen und südeuropäischen Metropolen

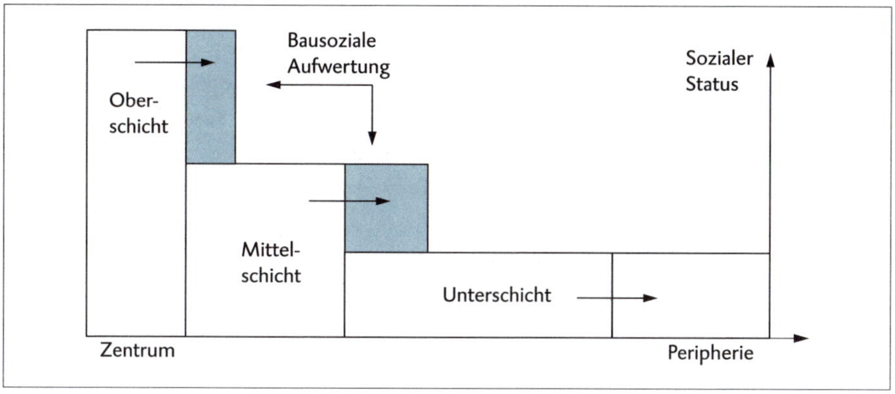

Die Kernstadt erleidet seit den 50er Jahren Bevölkerungsverluste zugunsten des näheren Umlandes. Zwischen 1990 und 1999 betrug der Rückgang trotz Geburtenüberschuss fast 30 000. Die Gemeinden der Banlieue, in denen über drei Viertel der Bevölkerung der Agglomeration Paris leben, verzeichnen seit Anfang der 80er Jahre Wanderungsverluste, die Bevölkerung ist aber dank eines geringen Geburtenüberschusses noch relativ stabil.

Bevölkerungsentwicklung in der Ile-de-France nach Départements[32]

Département/Zone	Bevölkerung in 1 000			
	1982	1990	1999	2004
Paris	2 176	2 152	2 126	2 158
Hauts-de-Seine	1 387	1 392	1 429	1 491
Seine-Saint-Denis	1 324	1 381	1 383	1 413
Val-de-Marne	1 194	1 216	1 227	1 256
Petite Couronne	3 095	3 989	4 039	6 318
Seine-et-Marne	887	1 078	1 194	1 254
Yvelines	1 196	1 307	1 354	1 387
Essonne	988	1 085	1 134	1 170
Val-d'Oise	921	1 050	1 105	1 136
Grande Couronne	3 992	4 520	4 787	4 946
Ile-de-France total	10 073	10 661	10 952	11 265

32 Quellen: INSEE Nr. 663, 7/1999, Nr. 691, 1/2000, INSEE Estimation de population au 1er janvier, par département 2004

Hinter der **zentral-peripheren Bevölkerungsverlagerung** verbergen sich mehrere parallel laufende Prozesse: der Verdrängungswettbewerb in der Kernstadt, die hohen Arbeitsplatzverluste durch den Niedergang der Altindustrien sowie staatliche Planungen zur Entlastung des Wasserkopfes Paris mithilfe von Dezentralisierungsprogrammen für die flächenintensive Großindustrie und für Bürokomplexe (Verlagerung nach La Défense); städtebauliche Maßnahmen, wie die Errichtung der Villes Nouvelles (Evry, Melun-Sénard, Marne-la-Vallée, Cergy-Pontoise und St. Quentin-en-Yvelines) zur Schaffung von Wohnraum für untere und mittlere Einkommensgruppen und von Arbeitsplätzen im Sekundären und Tertiären Sektor. Diese neuen Städte sind inzwischen zu Großstädten herangewachsen und stellen Ansatzpunkte auch für die Ansiedlung von hochwertigen Dienstleistungen dar.

Die Zukunft von Paris als Global City wird sehr stark davon abhängen, ob es ihr gelingt, in der sich rasch entwickelnden Wissensgesellschaft zu einem Knotenpunkt mit einem Bildungs-, Forschungs- und hochwertigen Dienstleistungsbereich zu werden, der die kritische Masse erreicht, die zu selbsttragenden Innovationen als Motor der Zukunft führt.

6 Städtebeispiel Prag – Die Folgen der Transformation

Die jüngere Geschichte Prags steht stellvertretend für die Entwicklung anderer Städte des ehemaligen Ostblocks, die durch den Kalten Krieg von der Entwicklung in Westeuropa abgeschnitten wurden und nach der Wende eine neue Rolle im internationalen Wettbewerb finden müssen.

6.1 Stadtentwicklung und funktionale Gliederung bis 1989

Prags mittelalterlicher Stadtkern wuchs aus den Siedlungen Hradschin, Kleinseite (Malá Strana), Altstadt (Staré Město) und Neustadt (Nové Město) zusammen, die Ende des 18. Jh. rechtlich zur Stadt Prag vereinigt wurden. Zweimal im Laufe der Geschichte war Prag das politische, wirtschaftliche und geistige Zentrum Europas – unter Karl IV. (1346–1378) und unter dem Habsburger Rudolf II. (1576–1612) als Hauptstadt des Deutschen Reiches. Ab 1526 kam die tschechische Krone zu Österreich und verblieb dort bis 1918. Der Verlust der Hauptstadtfunktion an Wien 1612 schwächte die Bedeutung der Stadt.

Im 19. Jh. konnten durch die Ansiedlung von Industrie die Bedeutungsverluste teilweise ausgeglichen werden. Während sich die Einwohnerzahlen in Wien vervier- und in Budapest verfünffachten, verzeichnete Prag nur eine

Verdoppelung (1850–1910). In dieser Phase legte sich um den Mauerring ein Gürtel aus Industrie- und Gewerbeanlagen sowie mehrgeschossigen Mietshäusern in Blockrandbebauung. Es entstanden **gründerzeitliche Industrie-** und **Arbeiterviertel**. Räumlich getrennt von den Arbeiterquartieren entwickelten sich **Villenviertel** für wohlhabende Bevölkerungsschichten in bevorzugter Wohnlage (z. B. Strašnice, Barrandov).

Der wirtschaftliche Aufstieg Prags als Industriezentrum Böhmens spiegelt sich im Prozess der Citybildung wider. Die Neustadt erfuhr vor allem um die Wende zum 20. Jh. einen Ausbau zum Geschäfts- und Dienstleistungszentrum, wie die Jugendstilgebäude z. B. entlang Na příkopě (Handel, Banken, Versicherungen) und beiderseits des Wenzelplatzes (Hotels an der Verbindungsachse Richtung Bahnhof) zeigen.

Die Entstehung der **Republik Tschechoslowakei** 1918 verlieh der Hauptstadt als politischem, kulturellem und wirtschaftlichem Herz des neuen Staates einen kräftigen Aufschwung. Das historische Zentrum erlebte einen Anpassungsprozess an die neue Rolle, der sich in zahlreichen Gebäuden für Ministerien und diplomatische Vertretungen – vorzugsweise auf der Kleinseite – niederschlug. Banken und Versicherungen suchten ebenfalls zentrale Standorte, wodurch der Prozess der Citybildung in der Neustadt vorangetrieben wurde. Das Wirtschaftswachstum und der starke Bevölkerungszuzug führten zur Ausdehnung von Industrie- und Wohnvierteln entlang der Eisenbahn- und Straßenbahnlinien sowie den Hauptausfallstraßen. In nur 12 Jahren verfünffachte sich die Einwohnerzahl auf rund 850 000, was eine rege Bautätigkeit auslöste. Zwischen 1918 und 1939 entstanden neue Stadtviertel auch für die Mittelschicht, zum Teil angrenzend an Straßenzüge mit Gartenvillen wie in Strašnice im Osten Prags oder in Form von Gartenstädten wie in Spořilov im Südosten. Auch westlich der Moldau vergrößerten sich Wohnviertel für die Ober- und obere Mittelschicht, etwa in Barrandov.

Dieser in allen mitteleuropäischen Städten ablaufende Prozess der **Suburbanisierung**, der **funktionalen** und **sozialen Differenzierung** in verschiedene Stadtviertel, wurde durch die Machtübernahme der Kommunisten 1945 für Jahrzehnte unterbrochen.

In der **sozialistischen Phase** galt die absolute Priorität der weiteren, raschen Industrialisierung vor allem in der Hauptstadt. Nach dem Prinzip der Funktionstrennung entstanden großflächige **reine Industrieviertel**, besonders in Prag-Ost. Im Wohnungsbau wurde auf die Schaffung von standardisiertem Wohnraum zu Niedrigmieten am Stadtrand Wert gelegt. Für die Erhaltung der

Altbausubstanz fehlten deshalb die Mittel, sie wurde dem Verfall preisgegeben, mit der Ausnahme von Gebäuden, die unter Denkmalschutz standen.

Obwohl die Bedingungen für eine Suburbanisierung wie im Westen nicht mehr gegeben waren, fand eine **Verlagerung der Bevölkerung** an die Peripherie in neue Wohnsiedlungen statt, die im Anschluss an die Vorkriegsbebauung und auf allen Freiflächen dazwischen errichtet wurden. Ab den 60er / 70er Jahren entstanden – bewusst in einem gewissen Abstand zur bisherigen Bebauung – **Großwohnsiedlungen** auf der grünen Wiese mit Anschluss vor allem an die U-Bahn. So legte sich ein Ring von kleineren Einheiten mit wenigen Häuserblocks bis hin zu am Reißbrett geplanten Großeinheiten von 70–130 000 Einwohnern um die Stadtviertel aus der Vorkriegszeit, beispielsweise Prošek im Nordosten, Chodov und Háje im Südosten (U-Bahnlinie C), Stodůlky als jüngste im Südwesten (U-Bahnlinie B).

Eingemeindungen, Neubaustandorte und U-Bahnlinien in Prag

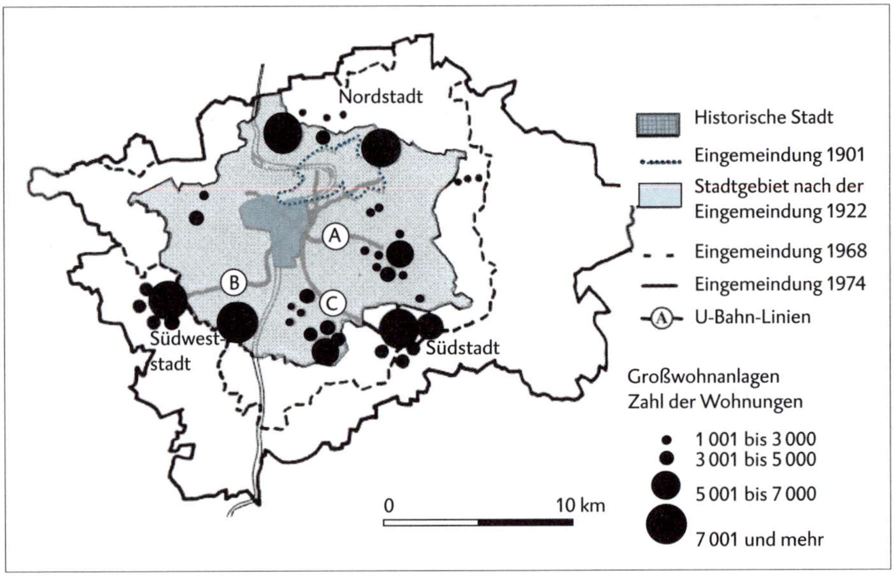

Bis 1989 unterschied sich der Stadtrand Prags deshalb ganz deutlich von vergleichbaren mitteleuropäischen Städten. Statt des im Westen üblichen Kranzes an Eigenheimsiedlungen bildeten Plattenbaueinheiten die Bebauungsgrenze. Im Anschluss daran folgten Freiflächen, die für weitere, nicht mehr realisierte Bauvorhaben dieser Art vorgesehen waren.

6.2 Stadtentwicklung und funktionale Gliederung nach 1989

Zielsetzung der Transformation war es, den raschen Übergang von der zentralistischen Planwirtschaft zur Marktwirtschaft zu ermöglichen. Maßnahmen wie Privatisierung, Freigabe der Preise und Liberalisierung des Außenhandels zielten auf eine freie Entfaltung der Marktkräfte im globalen Wettbewerb. Bezogen auf die Stadtentwicklung lösten diese Maßnahmen eine Reihe von Prozessen aus, die einen grundlegenden **funktionalen** und damit auch **strukturellen Wandel** herbeiführten. Im Sekundären Sektor kam es zu einer raschen **Deindustrialisierung**. Nicht konkurrenzfähige Betriebe wurden geschlossen, andere privatisiert und an verkehrsgünstige Standorte mit Autobahnanschluss in die Peripherie verlegt. Für einige der brachgefallenen Industrieflächen hat sich bereits eine Nachfolgenutzung in Form von Einkaufs- oder Büroparks gefunden.

Die rasche Zunahme citygebundener Dienstleistungen (Banken, Versicherungen, Rechtsberatung, Consulting, Werbung,) spiegelt die **Tertiärisierung** der Wirtschaft wider. Am deutlichsten manifestiert sich dieser Wandlungsprozess in der Historischen Altstadt. Dort konzentrieren sich die Investitionen in den Tertiären und Quartären Sektor und es entstanden die meisten der über 200 000 Arbeitsplätze. Die Funktionstrennung zwischen den beiden Teilen des historischen Stadtkerns wird dadurch bekräftigt. Kleinseite und Hradschin werden noch stärker von ihrer Funktion als Regierungs- und Diplomatenviertel geprägt. Alt- und Neustadt bergen die Hauptgeschäftsstraßen (über 50 % des Prager Einzelhandelsumsatzes) und eine zunehmende Konzentration an gehobenen Dienstleistungen.

Einkaufsstraße am Wenzelplatz

Die hohe Nachfrage nach Immobilien hat zu einem drastischen Preisschub für Baugrund und Mietobjekte geführt. Die Folge ist ein **Verdrängungswettbewerb in der City**. Die in den ersten Jahren nach der Wende entstandenen geringerwertigen Einrichtungen des Einzelhandels werden an zentralen Standorten durch hochwertige Produkte ersetzt, Einrichtungen für den täglichen Bedarf durch solche für den periodischen und episodischen Bedarf. Statt Schnelldreher-Kettenläden beherrschen Bekleidungshäuser, Edelboutiquen, Juwelier- und Kosmetikgeschäfte das Bild der Hauptgeschäftsstraßen. Mieter in bislang billigen Altbauten in Citynähe werden nach Renovierung der Gebäude zunehmend durch gehobene Dienstleistungen oder durch Zuzug höherer Einkommensschichten verdrängt, man spricht dann von **Gentrification**. Am Stadtrand zeugen flächenintensive Einzelhandels- und Dienstleistungsbetriebe (z. B. Supermärkte, Baumärkte, Fast Food) an Autobahn- und Schnellstraßenauffahrten, an Endhaltestellen der U-Bahnen vom Prozess der **Suburbanisierung tertiärer Einrichtungen** nach westlichem Vorbild.

Die neuen Eigenheimsiedlungen vor allem für die Mittel- und Oberschicht, die sich in verkehrsgünstiger Lage an der Peripherie ausdehnen, belegen die **Suburbanisierung der Bevölkerung**. Der räumliche Differenzierungsprozess deckt sich so mit einer neuen **sozialen Segregation**.

Fast 70 % der nach 1993 neu erbauten oder modernisierten Büroflächen konzentrieren sich auf die Stadtmitte. Die Errichtung neuer Einkaufszentren und Bürogebäude führt zwar zur **Revitalisierung des Stadtkerns**, aber die Schattenseiten der Entwicklung machen sich deutlich bemerkbar: Abnahme der Wohnbevölkerung durch Verdrängung, starkes Anwachsen des innerstädtischen Verkehrs (seit 1990 hat sich die Zahl der Pkw in Prag verfünffacht) und eine hohe Umweltbelastung.

Der Suburbanisierungsprozess wird sich in dem Maße fortsetzen, in dem eine große motorisierte Mittelschicht entsteht, und möglicherweise in einen **Deurbanisierungsprozess** wie im Westen übergehen. Die dadurch drastisch steigenden Kosten für Erschließungsmaßnahmen und die Verkehrsanbindung werden die Stadt und die Umlandgemeinden vor große Schwierigkeiten stellen.

Tourismus in Europa

1 Entwicklung und wirtschaftliche Bedeutung des Fremdenverkehrs in Europa

Den Beginn des Fremdenverkehrs in Europa markieren die im Mittelalter einsetzenden **Pilgerreisen** (z. B. der Jakobsweg nach Santiago de Compostella). Ab dem 17./18. Jh. etablierte sich in der Erziehung junger Adeliger die so genannte „Grand Tour", die eine **Bildungsreise** durch Europa umfasste. Der Adel galt auch bei der Entwicklung anderer touristischer Formen oft als „Trendsetter" (z. B. Seebäder, Alpinismus). Mit der Zeitversetzung von einigen Jahrzehnten übernahmen die anderen Sozialschichten dieses Reiseverhalten.

Der **Massentourismus** im eigentlichen Sinne setzte in Europa erst nach dem zweiten Weltkrieg ein. Entscheidend für sein stetiges Wachstum waren und sind noch immer folgende Faktoren:

- Das steigende Einkommen der Bevölkerung und längere Urlaubszeiten (mit z. T. mehreren Urlaubsreisen im Jahr);
- Die zunehmende Mobilität durch verstärkte verkehrstechnische Erschließung (höhere Transportkapazität durch den Ausbau des Straßennetzes und des Flugverkehrs, insbesondere durch billigen Charterflugverkehr);
- Die Schaffung touristischer Infrastruktur durch Hotelanlagen mit hoher Übernachtungskapazität;
- Neue Tourismusformen mit großem Freizeitangebot (z. B. Cluburlaub);
- Die räumlich begrenzte Entstehung von Überkapazitäten, dadurch Verbilligung der Reiseangebote.

Von der Entwicklung des Massentourismus sind vor allem die **mediterranen Gebiete** gekennzeichnet. In den 50er Jahren des 20. Jh. waren zunächst die relativ schnell erreichbaren Sandstrände der Adria in Norditalien betroffen. In den 60er Jahren konnten mittels Massencharterflug verstärkt die südfranzösische und spanische Mittelmeerküste, die Balearen, die Algarve, die jugoslawische Küste und auch die Schwarzmeerregion bedient werden. Schließlich wurden ab den 70er Jahren die griechische Inselwelt und die türkische Küste erfasst. Neben dem Mittelmeerraum sind auch die **Alpen** vom Massentourismus betroffen. Seine problematischen Entwicklungen erfahren heute beide Regionen – wie nachfolgend beschrieben – sehr deutlich.

Europa ist eine der bedeutendsten Tourismusregionen. 1995 besuchten 335 Mio. Reisende Europa, während Nord- und Südamerika mit 111 Mio. und Ostasien/Pazifik mit 80 Mio. auf den nächsten Plätzen folgten. Allerdings nimmt Europas prozentualer Anteil seit Jahren leicht ab. Bei zunehmendem Welttourismus wird für 2005 folgende Rangfolge prognostiziert: Europa (521 Mio.), Ostasien/Pazifik (231 Mio.) und Nord- und Südamerika (195 Mio.).

Touristenankünfte in Europa in Mio. (2003)[33]

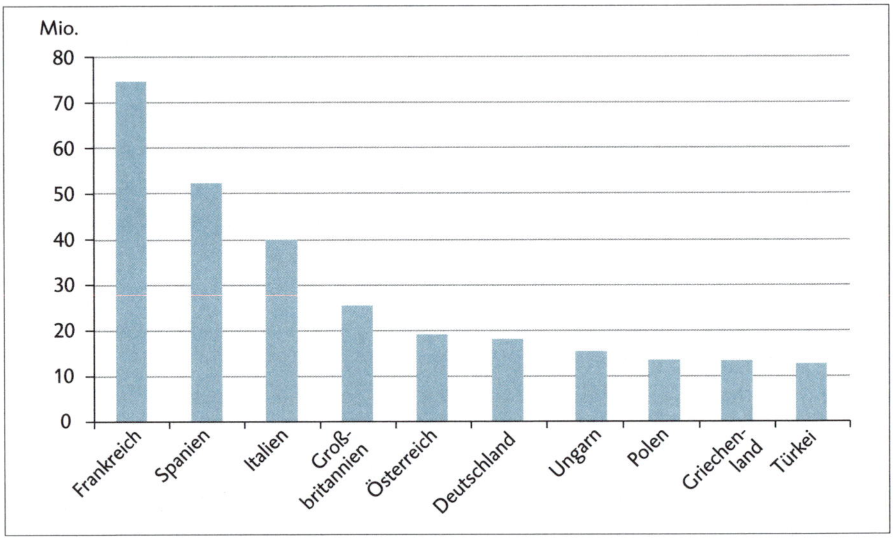

Diese und die nachfolgende Abbildung zeigen, dass innerhalb Europas **Frankreich**, **Italien** und **Spanien** bei den Touristenankünften und den daraus erzielten Einnahmen eine Spitzenposition einnehmen. Die Tourismuserlöse werden wie Exporteinnahmen eines Landes verrechnet und tragen positiv zur Außenhandelsbilanz bei. Welche Bedeutung der Tourismus volkswirtschaftlich einnimmt, zeigen die Anteile der Einnahmen an der Wirtschaftsleistung des jeweiligen Landes (siehe nachfolgende Tabelle). Die Bedeutung ist demnach für die Länder des Mittelmeerraumes, der Alpenregion und für die Transformationsstaaten besonders groß.

33 Quelle: European Travel Commission

Tourismuseinnahmen in Mrd. € (2003)[34]

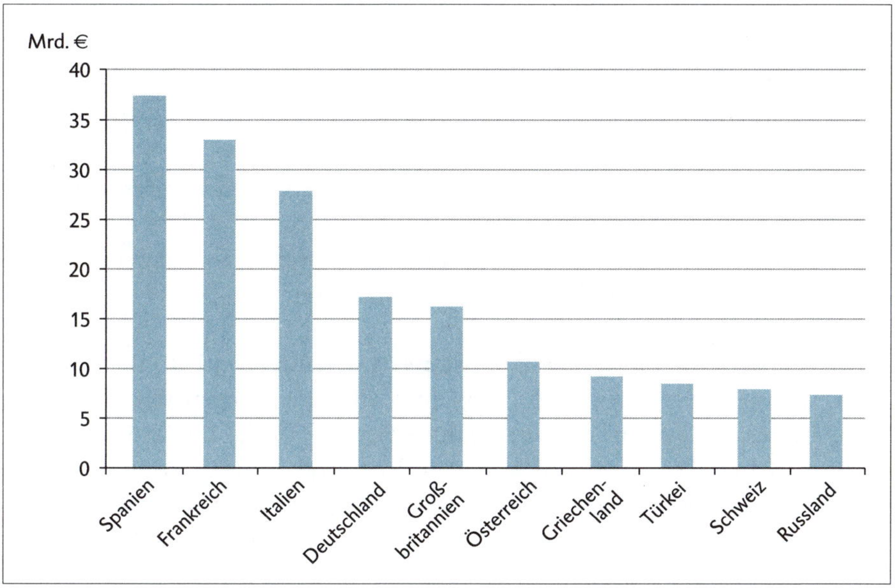

Bedeutung des Tourismus in ausgewählten Ländern[35]

Land	Anteil der Reise- und Tourismus-Industrie am BIP in % (2005)
Spanien	7,3
Griechenland	7,2
Portugal	7,2
Österreich	6,1
Estland	4,9
Italien	4,9
Ungarn	4,2
Deutschland	2,8
Tschechien	2,5
Polen	1,6

Als Quellgebiete des Tourismus gelten die Länder Nord-, Mittel-, Westeuropas, während die mediterranen Länder zu den Zielgebieten zählen. Die **Quell-**

34 Quelle: European Travel Commission
35 Quelle: World Travel & Tourism Council

gebiete sind durch einen hohen Verstädterungsgrad, eine hohe Bevölkerungsdichte sowie ein relativ kühles und feuchtes Klima geprägt. Gleichzeitig liegt in diesen Ländern auch das Einkommen breiter Bevölkerungsschichten und die Urlaubszeiten über dem europäischen Durchschnitt.

Die mediterranen Länder hingegen besitzen die Merkmale klassischer **Zielgebiete**, dazu gehören

- ein warmes und sommertrockenes Klima sowie Küsten mit Sandstränden (Strand- und Badeurlaub, Kreuzfahrten),
- ein großes Angebot an kultur- und kunsthistorischen Sehenswürdigkeiten (besonders geeignet für Städte- und Bildungsreisen).

Im Mittelmeerraum überwiegt der **Sommertourismus** deutlich, aber die Zahl der Urlaubsreisenden, die auch im Winter klimatisch begünstigte Regionen aufsuchen (z. B. Costa del Sol in Andalusien), steigt stetig. Da der Badetourismus am Atlantik (Golf von Biskaya, Nordsee) und an der Ostsee durch die niedrigeren Temperaturen stark eingeschränkt ist, weichen Urlaubsreisende im Winter immer häufiger auf die Mittelmeergebiete aus.

Abgesehen von dieser groben Nord-Süd-Einteilung in Quell- und Zielgebiete lässt die vielfältige natürliche Ausstattung in Europa je nach Urlaubsmotivation eine ausgeprägte regionale Differenzierung zu:

- Die **Mittel- und Hochgebirge** (z. B. Alpen, Pyrenäen, Sierra Nevada, Riesengebirge, Hohe Tatra) ermöglichen sowohl Winter- als auch Sommertourismus. Für naheliegende städtische Verdichtungsräume erfüllen sie zudem als **Naherholungsgebiete** eine bedeutende Rolle. Wichtig für den **Wintertourismus** ist die Ausstattung mit Skipisten und eine gute Zugänglichkeit für den Verkehr.
  Für Touristen in den **Sommermonaten** müssen die Gebirgsräume u. a. über ein gutes Wanderwegenetz, Kletterrouten und weitere Möglichkeiten für sportliche Aktivitäten (Rafting, Paragliding, Drachenfliegen usw.) verfügen. Der Alpenraum erfüllt diese Voraussetzungen in hohem Maße. Gebirgsräume wie beispielsweise die Karpaten bedürfen hier noch einer umfangreichen Erschließung.
- **Kur- und Heilbäder** mit Mineral- und Thermalwasservorkommen werden von jenen Touristen besucht, die deren Angebote aus gesundheitlichen Gründen wahrnehmen. Sie befinden sich bevorzugt längs geotektonischer Bruchzonen und Verwerfungen (z. B. Zentralmassiv, Oberrheingraben)
- Der **Pilgertourismus** konzentriert sich an religiös bedeutenden Wallfahrtsstätten und stellt dort einen wichtigen Wirtschaftsfaktor dar (z. B. Lourdes, Rom, Tschenstochau, Altötting)

- Vom **Städtetourismus** profitieren all jene Städte, die eine kulturell überregionale Ausstattung und Attraktivität besitzen. Führend sind hierbei London, Paris, Rom, Berlin u. a. Darüber hinaus besitzen Städte saisonunabhängig oft hohe Besucherzahlen, weil sie als wirtschaftliche Zentren einen großen Anteil an Geschäftsreisenden (Messen, Kongresse) aufweisen. Die große wirtschaftliche Bedeutung von Ländern wie Großbritannien und Deutschland und der daraus erwachsende hohe **Geschäftsreiseverkehr** sind die wesentlichen Gründe dafür, dass sie bei den absoluten Einkünften aus dem Tourismus in Europa mit führend sind.

Eine wichtige Entwicklung zeigt sich im Bereich **touristischer Großprojekte**. Die Feriendörfer (Ferienparks) der 50er Jahre mit zahlreichen Übernachtungsmöglichkeiten sowie Versorgungs- und Freizeiteinrichtungen wurden inzwischen durch Zentren des so genannten **Erlebnistourismus** abgelöst. Ein Beispiel stellen künstlich überdachte Badelandschaften dar, in denen subtropische Bedingungen inszeniert werden. Komfortable Hotelunterbringung, weitere Unterhaltungs-, Freizeit- und Einkaufsmöglichkeiten (Restaurants, Multiplexkinos, Diskotheken, Wellnesseinrichtungen u. a.) ergänzen das Angebot. Diese Form des Erlebnistourismus entstand in den Niederlanden mit den „Center Parks“. Aufgrund der vielfältigen Unterhaltungsangebote, der Wetterunabhängigkeit und der Nähe zu großstädtischen Agglomerationen erfreuen sich die Ferienparks auch in Deutschland immer größerer Beliebtheit (z. B. Center Park Bispinger Heide in Niedersachsen). Als größtes Beispiel gilt der „Disneyland“-Erlebnispark in Paris.

2 Die Balearen: Lieblings- und Sorgenkind des Massentourismus?

Wie kaum ein anderes Gebiet im mediterranen Raum veranschaulicht die Inselgruppe der **Balearen** mit ihrer Hauptinsel **Mallorca** die Entwicklung des Sommermassentourismus mit seinen positiven und negativen Auswirkungen.

Die ausgeprägte Naturgunst (trockene und warme Sommer, milde niederschlagsarme Winter, ausgedehnte Sandstrände, reizvolle Buchten, sauberes Meerwasser, abwechslungsreiche Landschaften) sowie malerische alte Orte und mediterrane Lebenskultur werden als Basis für den Aufstieg insbesondere Mallorcas zum Zentrum des Massentourismus gesehen. Ebenso wichtig war die Art der **touristischen Erschließung**: ab den 50er Jahren wurde die Inselgruppe durch die Zusammenarbeit von in- und ausländischen Unternehmen im großen Stil erschlossen.

Ausländische Reiseunternehmen gewährten inländischen Partnern zinslose Kredite, mit denen schnell billige **Massenquartiere** („Bettenburgen“) längs der Sandstrände errichtet wurden. Die Kunden buchten dort Pauschalangebote zu festen Vertragspreisen. Zudem unterstützte der spanische Staat den Tourismus, um Devisen für die zunehmende Industrialisierung zu erhalten.

Die Möglichkeit billiger Charterflüge verkürzte für die ausländischen Touristen die Reisezeit zu den Inseln erheblich. Der Flughafen von Palma de Mallorca wurde kontinuierlich ausgebaut.

Mallorca wurde zum Inbegriff für billigen Sonne- und Badeurlaub am Mittelmeer: Besuchten 1950 nur 98 000 Urlauber die Insel so waren es 2000 fast 7 Mio., wobei diese vor allem aus Deutschland und Großbritannien stammen. Hinzu kommt der zunehmende **Binnentourismus** vom spanischen Festland.

Herkunft der Mallorca-Urlauber im Jahre 2000

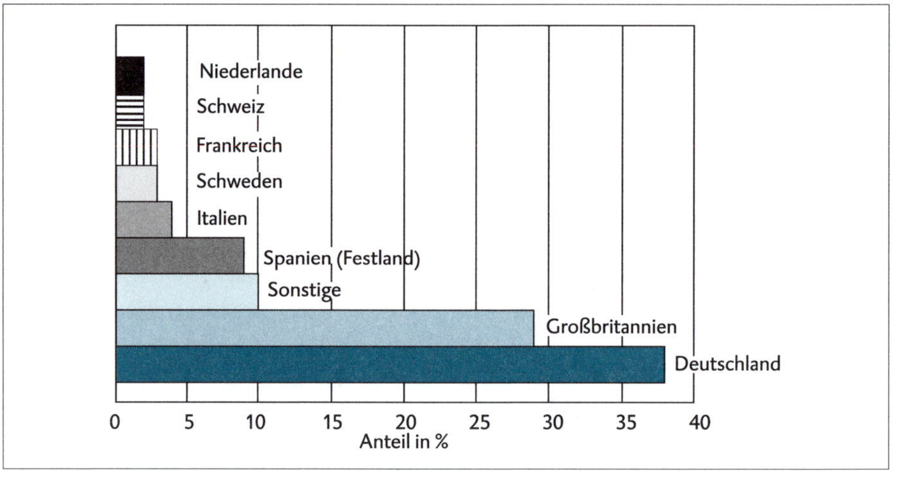

Die Expansion des Fremdenverkehrs erfolgte zunächst in der Nähe des Flugplatzes von Palma längs den großen Sandstränden der Südwest-Küste. In den 60er Jahren wurde die West- und die Süd-Küste sowie die westliche Nachbarinsel Ibiza erfasst. Ab den 70er Jahren wurde auf Mallorca auch die Nordost- und Ost-Küste erschlossen. Der Tourismus griff verstärkt auf die Inseln Menorca und Formentera über. Die felsige Nordwest-Küste und der Zentralteil Mallorcas blieben relativ unberührt.

Die **wirtschaftlichen Folgen** können positiv gesehen werden. Es entstand eine Vielzahl von **Arbeitsplätzen** im Fremdenverkehrsgewerbe selbst und in nachgeordneten Bereichen. Vor allem die jüngere Bevölkerung wechselte aus der traditionellen Landwirtschaft (Getreide, Öl- und Mandelbäume) mit geringen Einkommen in die neuen Beschäftigungsbereiche. Dies führte zunächst zum Brachfallen von Flurarealen und einer Überalterung der entfernt von den Tourismuszentren gelegenen Ortschaften. Ab Mitte der 60er Jahre richtete eine neue Generation innovativer Landwirte ihre Produktion allerdings verstärkt auf den Fremdenverkehr aus (z. B. Fleischproduktion für die Hotellerie).

Das Wachstum der Tourismusbranche führte sogar dazu, dass von den insgesamt rund 30 000 Beschäftigten im Jahre 1996 bereits ca. 10 % festländische Arbeitskräfte waren.

War 1950 Mallorca noch **Abwanderungsraum**, so stieg von 1960 bis 1998 die Bevölkerung von 362 000 auf 637 510 an. Das Pro-Kopf-Einkommen lag für Mallorca 1998 etwa bei 24 489,80 € und war damit fast doppelt so hoch wie für das übrige Spanien (Deutschland 1998: 16 581,63 €). Als problematisch erweist sich allerdings der hohe Anteil der Urlauber aus Deutschland und Großbritannien. Dadurch ist der Tourismus von der politischen und wirtschaftlichen Entwicklung in diesen Ländern sehr abhängig und risikoanfällig.

Auf einem 7 km langen Küstenstreifen zwischen Can Pastilla und S'Arenal an der Südwestküste der Insel tummeln sich dicht gedrängt sonnenhungrige Touristen

Fehlentwicklungen haben den mallorquinischen Massentourismus mittlerweile in eine **Krise** gebracht. In den 80er und frühen 90er Jahren stagnierten die Besucherzahlen bereits einige Male. Grund waren einerseits der Imageverlust durch Verschlechterung von Ausstattung, Service und Umweltbedingungen als Folge des jahrelangen billigen Massentourismus und des primitiven Verhaltens eines kleinen Teils der Urlauber; andererseits wurden zunehmend andere Bereiche des Mittelmeerraumes für den Tourismus erschlossen und boten preiswerte Alternativziele. Zudem etablierten sich weltweit infolge sinkender Flugkosten und verstärkter Aktivität der Reiseunternehmen „neue", exotische Räume wie z. B. die Karibik, die dem Mittelmeer Konkurrenz machen.

Neben dem Massentourismus führte der zunehmende Erwerb von Bauland, Ferienhäusern und Zweitwohnungen durch Deutsche und Briten zu einer wachsenden Anzahl **ausländischer** und auch **spanischer Dauerresidenten** vom Festland (2005: 30 000 bis 80 000 Ausländer bei einer Gesamtbevölkerung Mallorcas von über 700 000 (2001)). Sie gehören meist zu den besser Verdienenden und gehen auf der Insel z. T. ihren Berufen als Arzt, Makler, Rechtsanwalt u. a. nach. Parallel dazu entstand ein „Eigenleben" dieser Residenten mit z. B. deutschsprachigen Zeitungen, Funkmedien, Gastronomie und gesonderten Wohnbereichen. Ausländische Warenbezeichnungen bzw. Dienstleistungsangebote, soziale Abkapselung der Zuwanderer und stark gestiegene Boden- und Baupreise in Folge der hohen Nachfrage und Spekulation ließen bei den Einheimischen das Gefühl der **Überfremdung** und **Fremdbestimmung** aufkommen.

Weiterhin führt eine ausgeprägte **Nutzungskonkurrenz** zu erheblichen Problemen im Umweltbereich, die stellvertretend für den gesamten Mittelmeerraum angeführt werden können:

- Enormer **Flächenverbrauch** in Strandnähe: völlige Umgestaltung alter Dörfer durch unangepasste Hotelhochhäuser, Feriendörfer und Clubanlagen;
- Massiver **Ausbau der Verkehrsinfrastruktur** (Zubringerautobahn, Flugplatzerrichtung und -ausbau, Straßenbau, Zunahme der Personenschifffahrt) und starker Anstieg des **Verkehrsaufkommens** mit zunehmenden Abgas-Emissionen und Lärmbelästigung;
- Vernichtung von Rückzugsgebieten für Flora und Fauna (z. B. Sanddünen);
- **Wassermangel** für Landwirtschaft und Einheimische (es ist ein Wasserimport durch Tankschiffe nötig, z. B. wurden von Juni 1995 bis November 1997 alle drei Tage 60 000 Liter aus dem Ebrotal herangeführt) sowie **Versalzung** durch einströmendes Meerwasser in leere Grundwasserspeicher;

- Verstärkter Anfall an **Abfällen** und Fäkalien und damit Beeinträchtigung der Wasserqualität (Trink- und Badewasser).

Seit Ende der 80er Jahren wird auf Mallorca der Versuch unternommen, einen qualitativ **höherwertigen Tourismus** zu entwickeln. Hierzu gehören die Verringerung des Hotelbettenangebots unterer Kategorien und der Abriss überalterter Bausubstanz. Gleichzeitig wird bei Orts- und Strandverschönerungen die alte touristische Infrastruktur zum Teil beseitigt. Zusätzlich werden Naturschutzräume ausgewiesen, die von der touristischen Nutzung ausgenommen sind. Um die Überlastung im Sommer zu mindern, wird der Tourismus in der Nebensaison gefördert. Insgesamt arbeiten Marketingstrategen an einem neuen Image der Balearen. Der Qualitätstourismus mit dem Ausbau der gehobenen Hotelkategorien und der Anlage von Golfplätzen soll stärker betont werden.

Dieses Umdenken ist relativ jung und kann daher noch keiner Bewertung unterzogen werden. Allerdings wird das Problem des Wasserverbrauchs durch den Ausbau des Qualitätstourismus sicher nicht geringer, da die Ausdehnung auf die Nebensaison und bereits die Pflege der Golfplätze zu steigendem Wasserverbrauch führen.

3 Der Tourismus im Alpenraum

Mit dem **Alpinismus** und dem Bau von Heilbädern erfasste der Tourismus die Alpen bereits Mitte des 19. Jh. In Orten wie z. B. Chamonix, St. Moritz und Davos wurde der Grundstein für die weitere touristische Entwicklung der Alpen gelegt. Allerdings waren diese Orte zunächst nur Ausnahmen in einem ländlich geprägten Umfeld. In der Regel lebten die Bewohner der Bergregionen von den bescheidenen Einnahmen aus der Landwirtschaft sowie lokal vom Transitverkehr und -handel. Familienmitglieder mussten oft vorübergehend oder auf Dauer Arbeit in den Städten oder im Ausland suchen. Abgesehen von wenigen Gemeinden, wie z. B. St. Moritz, erfuhren weite Teile der Alpen eine **Bevölkerungsentleerung**. So wurde der Beginn des **Massentourismus** nach dem 2. Weltkrieg auch in den Alpen als große Chance begriffen.

Das Naturpotenzial der Alpen ist vielfältig: das abwechslungsreiche Relief, die ganze Bandbreite der Vegetations- und Klimastufen von Wald-, Matten-, Fels- bis hin zu Gletscherregionen, zahlreiche Gewässer und eine besondere Tier- und Pflanzenwelt. Daneben gibt es kulturelle Aspekte, wie die zahlreichen Kunst- und Kulturdenkmäler, die traditionellen lokalen Feste sowie regionale Produkte der Bodennutzung (Wein etc.), die für die Entwicklung des alpinen Tourismus ausschlaggebend waren und sind. Ergänzend sind noch die Lagegunst zu städtischen Verdichtungsräumen (z. B. Wien, München, Mailand, Turin, Lyon), die gute Verkehrserschließung durch große Alpenlängs- und Quertäler sowie die sehr gut befahrbaren Pässe und Tunnel (Brenner, St. Gotthard) zu nennen.

Entscheidend für die Entwicklung zum **Massentourismus** in den Alpen war auch hier seit den 50er Jahren die Entwicklung der **touristischen Infrastruktur**. Eine Vielzahl neuer Hotelanlagen, Appartementsiedlungen (so genannte „Parahotellerie"), Feriendörfer, Campingplätze, Pensionen, Restaurants und Sportstätten wurde errichtet. Für ihre gute Erreichbarkeit wurde das Straßensystem weiter ausgebaut und verdichtet.

Um möglichst viele Touristen aufnehmen zu können, entstanden in den Ferienzentren der Alpen große Hotelkomplexe

Trendsportart in den Alpen: Mountainbiking

Wintersportaktivitäten, wie Skifahren, erforderten den Ausbau von Skipisten und Loipen samt Liftanlagen. Außerdem musste die Nachfrage nach zusätzlichen Unterhaltungsmöglichkeiten gedeckt werden. Der Sommertourismus, der ursprünglich – außer Klettern – aus einfacher Familienerholung mit Wandermöglichkeiten bestand, wandelte sich und hat in letzter Zeit auch für Jugendliche stark an Attraktivität gewonnen.

Trendsportarten wie Mountainbiking, Paragleiten und Rafting wurden bald auch von anderen Personenkreisen aufgegriffen. Auch dies erforderte stärkere infrastrukturelle Eingriffe (z. B. Fahrwegebau).

Es entstanden je nach Schwerpunkt Erholungsorte mit vorwiegender Sommer- oder Wintersaison. Der **Sommertourismus** dominiert in den **nördlichen Kalkalpen** und punktuell in den **südlichen Kalkalpen**. Die **Zentralalpen** weisen verstärkt **Wintertourismus** auf.

Die **Folgen des Tourismus** sind auch in den Alpen sowohl positiv als auch negativ zu beurteilen. Seine **Vorteile** sind offensichtlich, er

- schafft direkt (Dienstleistung) bzw. indirekt (Bau, Immobilien) Arbeitsplätze,
- stützt die bergbäuerliche Landwirtschaft (touristischer Nebenerwerb),
- sichert den Berggemeinden größere Steuereinnahmen (Lohn- und Gewerbesteuer) und ermöglicht den Infrastrukturausbau,
- steigert das Einkommen sowie den Lebensstandard der ortsansässigen Bevölkerung und mindert damit die Abwanderung.

Der Massentourismus in den Alpen hat aber wie in der Mittelmeerregion mit **sozioökonomischen Problemen** zu kämpfen. Hierzu zählen neben hoher Saisonalität eine ausgeprägte wirtschaftliche Monostruktur, die zu einer Abhängigkeit von den Herkunftsländern der Urlauber und von Modetrends führt. Die Fremdbestimmung durch eine nicht ansässige Tourismusindustrie, Bodenspekulation und Immobilienerwerb durch Ortsfremde nimmt stetig zu.

Eingriffe in den Naturhaushalt des Bergwaldes erhöhen die Erosions- und Lawinengefahr in dieser Region

Zusätzlich weist der Tourismus im Alpenraum noch spezifische Nachteile auf:

- Eingriffe in Landschaft und Naturhaushalt (z. B. Skipisten-, Lift- und Wegebau) führten stellenweise zur massiven **Abholzung** der Bergwälder. Dies sowie die Aufgabe der alpinen Landwirtschaft aufgrund beruflicher Alternativen erhöhen die **Erosions**- und **Lawinengefahr** erheblich. Außerdem werden durch häufiges Variantenskifahren und Verlassen der Wanderwege wertvolle Biotopflächen zerstört.

- Das massive **Ansteigen** des **Verkehrsaufkommens** und damit der Schadstoffemissionen trug mit zum Waldsterben bei. Fehlende Vegetation erhöht den Oberflächenabfluss und damit die Hochwassergefahr sowie die Bodenerosion.
- In ausgeprägten Tourismusorten hat die Bevölkerung stark zugenommen. **Städtische Verdichtung** und eine Zersiedelung der Landschaft waren die Folge. Hinzu kam ein hohes Müllaufkommen und eine starke Gewässerbelastung durch Abwässer.
- Der Zwang, die Infrastruktur auszulasten und die ständige Konkurrenz mit anderen Gemeinden führte zu fortwährenden Bemühungen, die Attraktivität bestimmter Reiseziele zu steigern. Nicht selten hatten die Gemeinden dann aber mit den unerwünschten Folgen eines „Billig-Images" oder mit Überschuldung durch teure Infrastrukturprojekte zu kämpfen.

Großveranstaltungen („Events") locken Tausende von Besuchern in die Alpen und erhöhen so das Verkehrsaufkommen

Seit Ende der 70er Jahre entstand als Reaktion auf den beschriebenen „harten" Tourismus, der langfristig gesehen seine Grundlagen zerstört, die Idee des **„Sanften" Tourismus**. Er basiert auf dem Prinzip der **Nachhaltigkeit**, wonach die ursprüngliche Kultur- und Naturausstattung geschont und touristische Aktivitäten in sozial- und umweltfreundlichen Formen ausgeübt werden sollen.

Die Konzepte des „Sanften Tourismus" – mitunter für ganze Regionen erstellt – umfassen den mäßigen Ausbau der Siedlungen unter Einbeziehung der Ortsansässigen, die Vermeidung von Zersiedelung und Überfremdung, die Verminderung von Abfällen, Abwässern und Abgasen (Förderung des öffentlichen Verkehrs) und die verstärkte Ausrichtung der Entwicklung auf das einheimische Arbeitskräftepotenzial. Stellvertretend hierfür steht die **Nationalparkidee** in Österreich (z. B. Nationalpark „Hohe Tauern") mit umfassenden Nutzungsregelungen oder der bewusste **Rückbau von Skipisten** samt Liftanlagen, die Sanierung verwüsteter Pistenhänge sowie die „**Kanalisierung**" des Bergwanderns und Mountainbikings. Gleichzeitig müssen durch intensive Information die einheimische Bevölkerung sowie die Touristen über den Sinn der Maßnahmen aufgeklärt werden.

Verkehrsraum Europa

1 Europäische Verkehrsplanung

Kein anderer Kontinent besitzt ein so dichtes Verkehrsnetz wie Europa. Der Ausbau der Verkehrsnetze für Straßenfahrzeuge, Eisenbahnen und Binnenschiffe war bis in die Mitte des 20. Jh. nationalstaatlich geplant und organisiert, denn Verkehrswege hatten stets auch eine militärische Bedeutung. Das Beispiel der Umwandlung der Deutschen Bundesbahn in die Deutsche Bahn Aktiengesellschaft im Jahre 1994 und der beabsichtigte Börsengang dokumentierte allerdings den Beginn der Privatisierung auch im Verkehrswesen.

Mit der Bildung von Wirtschaftsblöcken nach dem 2. Weltkrieg setzte in West- und Osteuropa die Planung **transeuropäischer Verkehrsnetze** ein. In der Europäischen Union ist dieser Prozess am weitesten fortgeschritten. Trotzdem gibt es nach mehr als vierzig Jahren europäischer Zusammenarbeit noch immer mehr Unterschiede als Gemeinsamkeiten in der Verkehrspolitik. So behindern unterschiedliche Spurweiten und Abmessungen der Tunnelbauten sowie ungleiche Spannungen im Bahnstromnetz den grenzüberschreitenden Bahnverkehr. Der seit 1993 gültige Vertrag zur Bildung eines europäischen Binnenraumes mit ungehindertem Austausch von Gütern und Dienstleistungen macht aber die Angleichung nationaler Unterschiede notwendig.

Prognosen gehen von einem weiteren Verkehrszuwachs im europäischen Raum aus

Der politische und wirtschaftliche **Transformationsprozess** der Staaten in Mittelosteuropa und Osteuropa und der Beitritt der an die östliche Außengrenze der EU angrenzenden Staaten Polen, Tschechische Republik und Ungarn 2004 macht deren Anbindung an das west- und mitteleuropäische Verkehrsnetz dringend erforderlich. Verkehrstechnische Großprojekte werden künftig die Erreichbarkeit der wichtigsten Wirtschaftsregionen weiter verbessern und Lücken im bestehenden Verkehrsnetz schließen.

Boom für Straßen-, Brücken- und Tunnelbau

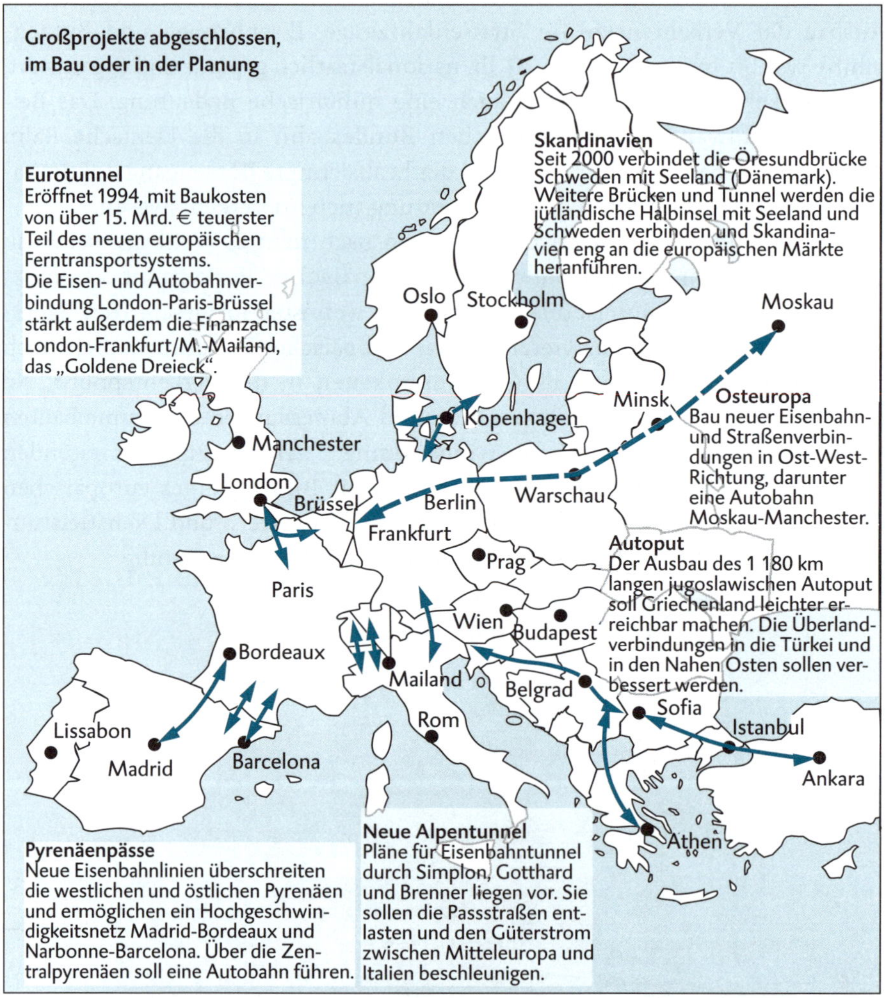

Derzeitige Entwicklungen und Prognosen zum Verkehrswachstum in der EU gehen von einem starken Verkehrszuwachs und damit wachsender Überlastung in Zentraleuropa und enormen relativen Zuwächsen in den Randbereichen aus. So nimmt der Verkehr zwischen den wirtschaftlichen Aktivräumen der „**Blauen Banane**" mit dem größten Warenaustausch auch künftig absolut am stärksten zu. Hinzu kommt ein boomartiger Verkehrsanstieg mit Osteuropa, der auf der Basis niedriger Ausgangswerte zweistellige jährliche Wachstumsraten erreicht, sodass Experten bis zum Jahr 2010 eine Steigerung des West-Ost-Güterverkehrs auf das zehnfache Transportvolumen erwarten.

Zwischen 1970 und 1997 hat sich die Transportleistung im Güterverkehr der EU in etwa verdoppelt, die Zuwächse verteilten sich aber sehr ungleich auf die verschiedenen Verkehrsträger mit einem starken Trend hin zur Straße. Für Deutschland mit dem längsten Autobahnnetz der EU, mit seiner zentralen Lage im Nord-Süd- und West-Ost-Verkehr sowie seiner wirtschaftlichen Bedeutung hat dies hohe Umwelt- und Kostenbelastungen zur Folge. Ein Drittel des gesamten grenzüberschreitenden Straßengüterverkehrs innerhalb der EU hat Deutschland zum Ziel. Nach der EU-Osterweiterung ist der Lkw-Verkehr an der deutsch-polnischen und deutsch-tschechischen Grenze rasant gestiegen.

Die Verkehrslawine – Güterverkehr in der EU in Mrd. Tonnenkilometer

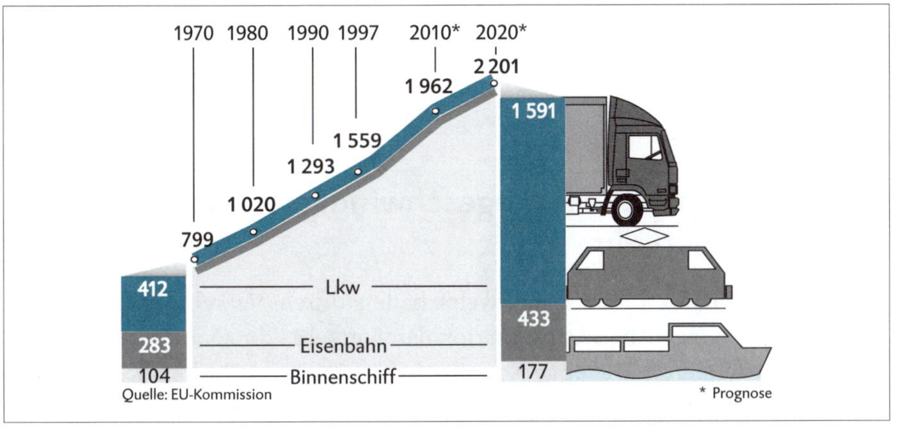

Bedingt durch die Zunahme der Transportleistung des Straßengüterverkehrs hat die Bedeutung des Schienenverkehrs in den letzten Jahr deutlich abgenommen. Hierbei muss allerdings berücksichtigt werden, dass das Güteraufkommen im Bahnverkehr von konjunkturellen Schwankungen besonders stark betroffen ist. Der bevorzugt über die Schiene abgewickelte Transport von **Massengütern** wie Kohle, Erze und Baustoffe verzeichnet in wirtschaftlichen Krisenjahren einen deutlichen Rückgang und bedingt somit einen Rückgang der Transportleistung der Eisenbahn. Prognosen zufolge wird in Deutschland das Güteraufkommen auf der Schiene weiter schrumpfen und wie schon beim Personenverkehr das umweltpolitisch angestrebte Umsteigen von der Straße auf die Schiene ausbleiben.

Mögliche Konflikte einer europäischen Verkehrsplanung sind bereits vorprogrammiert: Verkehrserleichterungen zum Nutzen der Wirtschaft oder Restriktionen zum Schutz der Umwelt? Am Beginn der grenzüberschreitenden Planung stand in den 60er Jahren des 20. Jh. das Ziel der Verkehrserleichterung durch mehr Wettbewerb im Transportsektor und die Liberalisierung der Verkehrswirtschaft. Hinzu kam Ende der 80er Jahre die Planung und Förderung des Verkehrsnetzausbaus und 1990 ein erstes Programm zur Finanzierung von gemeinsamen Verkehrsprojekten.

1996 formulierte das Europäische Parlament gemeinschaftliche Leitlinien für den Aufbau eines transeuropäischen Verkehrsnetzes mit folgenden Zielen:

- Entwicklung einheitlicher, integrierter Verkehrssysteme;
- Ausbau der Verkehrsinfrastruktur, zum Ausgleich regionaler Disparitäten in der EU;
- die Herstellung von Verbindungen in für die EU wichtige Drittländer;
- Umweltschutz und Verkehrssicherheit,
- **multimodales Verkehrssystem**, das Schiene, Straße und Wasserstraße optimal verknüpft unter besonderer Berücksichtigung des Kombinierten Verkehrs auf der Schiene.

2 Das europäische Hochgeschwindigkeitsnetz im Bahnverkehr

Der Verkehrsinfarkt und die Umweltschäden durch Verkehr waren für die Länder Europas der Anlass, ihre nationalen Verkehrskonzepte zugunsten der Schiene zu revidieren. Die enge Kooperation ist im europäischen Schienenverkehr besonders nötig, denn der Realisierung der Bahnnetze innerhalb der EU stehen einige technische Probleme entgegen. So sind bisher beispielsweise die Abmessungen der modernsten Hochgeschwindigkeitszüge so unterschiedlich, dass der deutsche ICE 20 Zentimeter breiter ist als der französische TGV und deshalb nicht in französische Bahnhöfe passt. Dagegen kann der TGV die langen Tunnelstrecken auf den deutschen Hochgeschwindigkeitstrassen nicht passieren, da er im Gegensatz zum ICE nicht druckfest gebaut ist.

Saubere Schiene

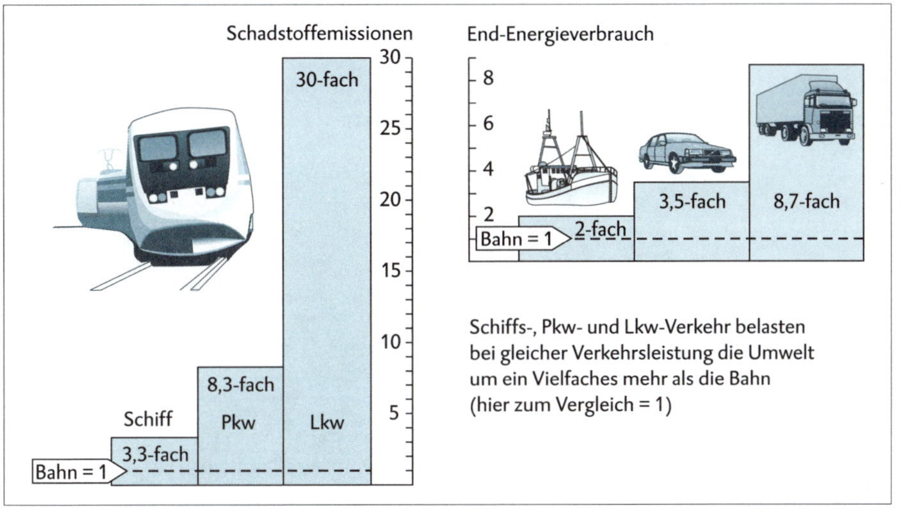

Das Konzept der Europäischen Union für die Attraktivitätssteigerung des Schienenverkehrs basiert auf verschiedenen Überlegungen:

- Die Bahn gilt als relativ umweltschonendes Verkehrsmittel was Emissionen und Endenergieverbrauch betrifft. Sie benötigt nur 30–50 % der Fläche einer Autobahn, übertrifft deren Transportkapazität aber bei weitem.
- Die Eisenbahnen sind für den Personenverkehr nur dann attraktiv, wenn ihre Reisezeiten verkürzt werden, d. h. wenn sie auf mittleren europäischen Entfernungen Konkurrenz zum Flugzeug sein können. Aus diesem Grund setzt man künftig auf den **Hochgeschwindigkeitsverkehr** mit Geschwindigkeiten über 200 km/h, der die Fahrtzeiten zwischen den europäischen Zentren um die Hälfte reduziert.
- Die Voraussetzungen für ein europäisches Hochgeschwindigkeitsnetz sind in Europa gut. Der Kernraum zählt zu den dichtest besiedelten Regionen weltweit, in dem ein Großteil der EU-Bevölkerung wohnt. Die Verkehrsströme verlaufen zwischen den Agglomerationen entlang gewisser Korridore, in denen die Hochgeschwindigkeitsstrecken errichtet werden.
- Neben dem zentralen Korridor gibt es acht Schlüsselstellen im Netz, die als so genannte Tore (London, Hamburg, Warschau, Budapest, Belgrad, Bologna, Barcelona, Paris) die peripheren Regionen anbinden. Hierzu gehören auch mehrere Großprojekte, wie z. B. der Kanaltunnel, die Überquerung der Meerengen der Ostsee für die Anbindung Skandinaviens und die geplanten neuen Alpentunnel von Frankreich, der Schweiz und Österreich nach Italien.

- Langfristig soll sich das Hochgeschwindigkeitsnetz in den EU-Ländern und der Schweiz auf 23 000 km belaufen, davon 12 000 km Neubaustrecken. Die Kosten werden auf über 255 Mrd. €. geschätzt.

Das europäische Eisenbahn-Hochgeschwindigkeitsnetz

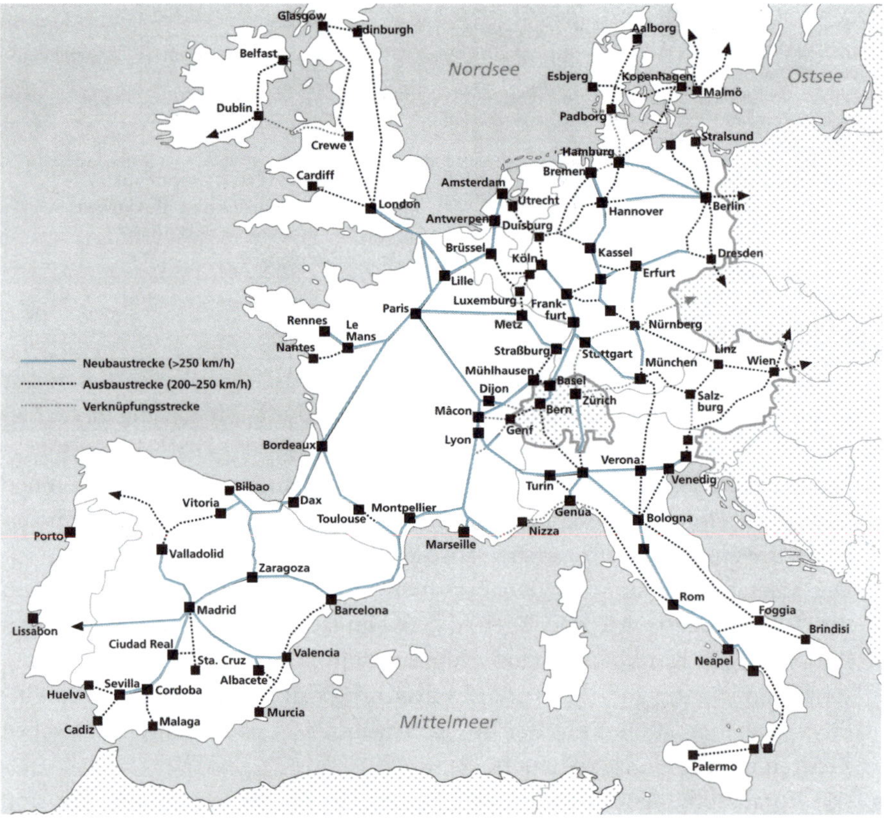

Zum Hochgeschwindigkeitsverkehr gibt es aber auch viele kritische Stimmen und es sind nicht nur Fragen der Finanzierung, die Probleme aufwerfen. Die **ökologischen** Auswirkungen eines Streckenneubaus sind umstritten. Landschaftszerschneidung, Biotopzerstörung und Lärmbelästigung sind wichtige Argumente gegen den Bau von Hochgeschwindigkeitsstrecken. Die schnellere Erreichbarkeit der Ballungsräume könnte zu weiteren Sogeffekten für die Bevölkerung und die Wirtschaft führen und **räumliche Disparitäten** verschärfen. Tatsache ist aber auch, dass bis zur Realisierung der ehrgeizigen Ausbaupläne der Zuwachs im Personen-Straßenverkehr die Kapazitäten der Hochgeschwindigkeitsstrecken weit überflügeln wird. Eine Lösung europäischer Verkehrsprobleme erfolgt auf diese Weise nicht, zumal ein Güterverkehr auf den Neubaustrecken nicht erfolgen soll. Lediglich die Verlagerung des Personenverkehrs auf die Hochgeschwindigkeitsstrecken setzt im konventionellen Schienenverkehr Kapazitäten frei, die der Frachtverkehr z. B. in Form des **Kombinierten Verkehrs** nutzen kann. Hier setzt die EU vor allem im Alpentransit große Hoffnungen auf den LKW- und Großcontainerverkehr per Bahn, wofür aber der schnellstmögliche Ausbau der Eisenbahnstrecken in Österreich und der Schweiz Voraussetzung ist.

3 Das Projekt Eurotunnel

Bereits 1751 hatte ein französischer Wissenschaftler in seiner Dissertation erste Planungen für den Bau eines Kanaltunnels vorgelegt. 1870 wurde in England eine Channel Tunnel Company gegründet und 1880 begann man mit ersten Bauarbeiten, die aber frühzeitig wegen nationaler Sicherheitsinteressen eingestellt wurden. So dauerte es weitere 100 Jahre bis das steigende Verkehrsaufkommen einerseits und der Wunsch nach verbesserten Verkehrsverbindungen innerhalb der Europäischen Gemeinschaft, speziell zwischen Großbritannien und Frankreich andererseits zur Realisierung des Bauvorhabens führte. 1987 wurden die bilateralen politischen Verhandlungen zum Abschluss gebracht und ein privates Wirtschaftskonsortium, die Eurotunnel Aktiengesellschaft, erhielt die Konzession zum Bau des Kanaltunnels und dessen Betrieb bis zum Jahr 2042. Gleichzeitig beschlossen Großbritannien, Frankreich und Belgien den Bau eines gemeinsamen Hochgeschwindigkeitsnetzes der Eisenbahn zwischen London, Paris und Brüssel, auf dem der gemeinsam entwickelte **Eurostar** mit über 300 km/h Höchstgeschwindigkeit verkehrt.

Die Tunnellänge beträgt 50 km, der tiefste Punkt liegt 115 m unter dem Meeresspiegel. In den beiden Tunnelröhren verkehren Eisenbahnzüge mit einer Geschwindigkeit von 160 km/h, eine dritte Tunnelröhre dient als Versorgungstunnel für Wartungsarbeiten und für den Notfall. Die Investitionskosten wurden bei Baubeginn 1988 auf ca. 2,5 Mrd. € veranschlagt, nach der Fertigstellung 1994 hatten sie aber eine Höhe von über 15,3 Mrd. € erreicht. Nur mithilfe der Unterstützung von 225 Gläubigerbanken konnte der drohende finanzielle Bankrott der Betreibergesellschaft verhindert werden.

Alles über den Eurotunnel

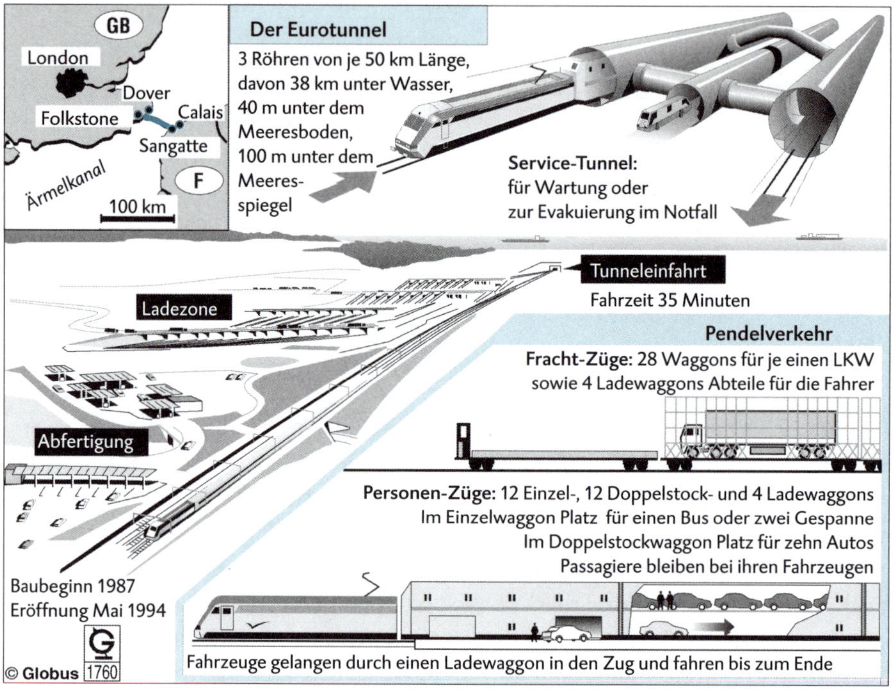

Im Mai 1994 wurde mit fast einjähriger Verspätung der Kanaltunnel dem Verkehr übergeben und im gleichen Jahr die Hochgeschwindigkeitsstrecke Paris – Calais, Ende 1997 die erste internationale Hochgeschwindigkeitsstrecke Brüssel – Calais fertiggestellt. Diese Verbindung wurde bis 2005 nach Aachen weitergeführt und die restlichen 70 km auf konventioneller Strecke bis zum Endpunkt Köln ausgebaut, wo die Anbindung an das deutsche Hochgeschwindigkeitsbahnnetz erfolgt. Dadurch verkürzen sich die Reisezeiten im europäischen Eisenbahnverkehr zwischen den wichtigen Wirtschaftszentren um mehr als die Hälfte, wodurch die Bahn eine attraktive Alternative zum Flugverkehr wird.

Der Eurotunnel ist trotz einer halbjährlichen Einschränkung des Verkehrs nach einem Tunnelbrand im November 1996 ein voller Erfolg. Bis 1999 wurden fast 80 Mio. Menschen, 13 Mio. PKW und über 3 Mio. LKW von den Fracht- und Personenzügen transportiert.

Langfristige Prognose der Eisenbahnreisezeiten von London[36]

Zielort	Entfernung in km	Reisezeit 1989 in Stunden	Reisezeit 2003 in Stunden	langfristige Prognose der Reisezeiten in Stunden
Paris	465	5,5	2,4	2,2
Brüssel	355	5,0	2,5	2,0
Köln	583	8,0	5,1	3,7
Amsterdam	556	8,0	5,2	3,5
Hamburg	1 044	13,0	9,3	7,2
Frankfurt/M.	816	10,5	7,1	4,7
München	1 210	15,0	10,4	7,2
Basel	897	12,5	8,4	5,1
Mailand	1 301	18,0	11,3	7,5
Marseille	1 343	13,5	6,4	5,2
Madrid	1 929	23,5	17,3	9,9

Als besonders erfolgreich gilt der Betrieb der neuen Hochgeschwindigkeitszüge Eurostar (im Jahr 1999 6,3 Mio. Fahrgäste), die Brüssel und Paris direkt mit London verbinden und gegenüber den Fluggesellschaften auf der Strecke Paris – London einen Marktanteil von 66 % verbuchen. In Konkurrenz zum Fährverkehr besitzt der Tunnelverkehr beim PKW- und LKW-Transport inzwischen einen Marktanteil von fast 50 %.

4 Der transalpine Personen- und Güterverkehr

Seit Beginn der Besiedlung Europas haben Menschen die Alpen überquert. Der **Transitverkehr** ist daher eine der ältesten Nutzungsformen der Alpen. Bis zum 19. Jh. war der alpenquerende Verkehr in die alpine Wirtschaft und Umwelt eingepasst und brachte zahlreichen Talschaften einen gewissen Wohlstand, da

- der Transport in den Händen der Säumergenossenschaften lag, sodass die Einheimischen den Verkehr kontrollierten konnten und der Gewinn im Tal verblieb;
- der Verkehr sich über hunderte überregionaler Verbindungen verteilte, sodass die Transportmengen auf einer Strecke relativ gering blieben und viele Alpentäler ökonomisch davon profitierten.

36 Voraussetzungen: Eurotunnel und Hochgeschwindigkeitszüge, Quelle: Vickerman, R. W./Flowerdew, A. D. J.: The Channel Tunnel, London 1990, S. 55; Spalte 4: Angaben der Deutschen Bahn AG

Dieses **dezentrale Verkehrssystem** wurde mit dem Bau der ersten Fahrstraßen über die Alpen (z. B. Brenner 1775, Simplon 1805) zerschlagen. Die Waren wurden dann nicht mehr gesäumt (d. h. von Pferden oder Maultieren getragen) sondern auf Wagen gezogen, dadurch verloren die Säumergenossenschaften an Bedeutung und der Verkehr konzentrierte sich auf nur wenige Alpentäler.

Das hohe Verkehrsaufkommen auf den wichtigsten Straßen der Alpen belastet Landschaft und Bevölkerung

Mit dem Bau der Eisenbahnen (Brenner 1867, Gotthard 1882) erhöhte sich die Transportgeschwindigkeit und der Warenverkehr konzentrierte sich auf sechs Hauptstrecken. Mit dem Bau der modernen Autobahnen (Brenner 1967) wurde die Alpenquerung weiter beschleunigt und beschränkt sich im Wesentlichen auf drei Strecken. Der früher notwendige Zwang zum Übernachten in den Alpen entfiel, die Beschäftigungseffekte des Alpenverkehrs für die Einheimischen gingen verloren und so können die Alpenregionen heute keinen direkten Gewinn mehr aus dem Transitverkehr ziehen. Im Gegenteil – die **ökologische Belastung** ist so groß geworden, dass entlang der Hauptrouten die Wohnfunktion in den Tälern durch Lärm- und Schadstoffbelastung gefährdet ist.

Lärm durch Verkehr

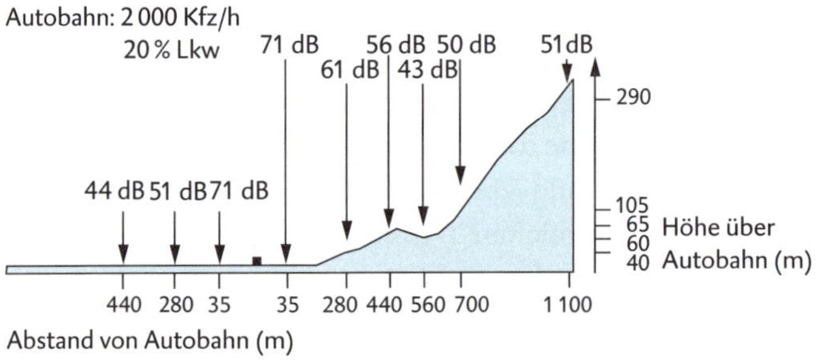

Die Lärmausbreitung wird in der Ebene durch kleine Erhebungen, Gebäude u. ä. bereits nach wenigen Metern gestoppt bzw. gedämpft. Anders in einem V-Tal in den Alpen: Hier helfen keine Lärmschutzwände, wenn die Straße oder Bahnlinie im Talgrund verläuft und die Siedlungen etwas höher an den Hängen liegen. Dazu kommen die atmosphärischen Bedingungen: Bei Inversionswetterlagen werden die Schallwellen wie durch einen Deckel ins Tal zurückgeworfen.

Luftschadstoffe

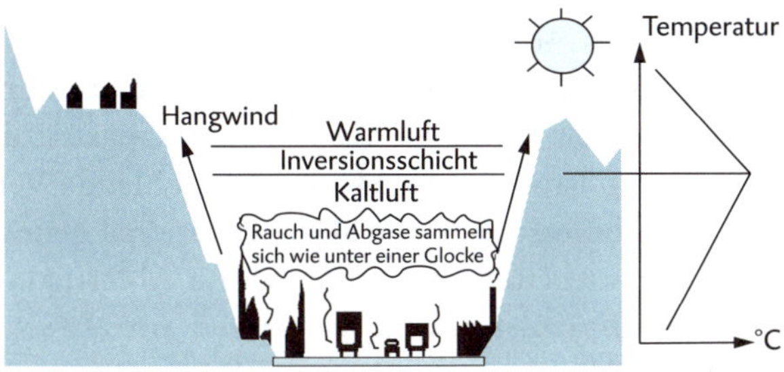

In einem engen Tal bleibt die Luft bei schwachem Wind lange am gleichen Ort. Der häufige Föhn sorgt zwar für eine Verdünnung der Primärschadstoffe, gleichzeitig aber bringt er aus großer Höhe und aus dem dicht besiedelten Italien eine Ozonbelastung mit, die das sonst übliche tageszeitliche Schwanken der Ozonwerte in eine Dauerbelastung umwandelt.

Die Luftschadstoffe treffen dort auf die Vegetation, wo die Lebensbedingungen wegen der Höhe ohnehin viel schwieriger sind. Bricht ein Waldbestand zusammen, so kann es Jahrhunderte dauern, bis er sich wieder regeneriert. Fehlt der Schutzwald, so können Lawinen, Erdrutsche, Steinschlag und Hochwasser die Siedlungen und Verkehrswege akut bedrohen.

In der öffentlichen Diskussion wird das Verkehrsproblem in den Alpen immer mit dem Transitverkehr gleichgesetzt. Der Verkehr in den Alpen setzt sich aber aus drei Anteilen zusammen:

- **Eigenverkehr** (70 Mrd. km/Jahr für PKW- und 4–6 Mrd. km/Jahr LKW-Verkehr): Dieser Eigenverkehr besteht aus den täglichen Fahrten der Pendler zwischen Wohn- und Arbeitsort, aus Fahrten zu zentralen Orten und dem inneralpinen Geschäftsverkehr.
- **Touristischer Verkehr** (15–25 Mrd. km/Jahr): Jährlich machen etwa 120 Mio. Menschen Urlaub in den Alpen, 75 % davon reisen mit dem eigenen Auto an.
- **Transitverkehr** (7 Mrd. km/Jahr PKW- und 1,3 Mrd. km/Jahr LKW-Verkehr): Die über die Alpenpässe transportierten Gütermengen setzen sich je zur Hälfte aus Transitgütern und Gütern des Eigenverkehrs zusammen.

In dem rund 1 200 km langen Alpenbogen zwischen Ventimigla im Westen und Wien im Osten gibt es insgesamt 14 Passübergänge (z. B. von West nach Ost: Mt. Cenis/Fréjus, Mt. Blanc, Gr. St. Bernard, Simplon, Gotthard, S. Bernardino, Reschen, Brenner, Felbertauern, Tauern, Schoberpass, Semmering, Wechsel), die für den internationalen Verkehr von Bedeutung sind.

Die Realisierung des Europäischen Binnenmarktes, die Öffnung des Eisernen Vorhangs und die Globalisierung der Wirtschaft werden die räumliche Arbeitsteilung vorantreiben und den **Alpentransitverkehr** weiter steigen lassen. Der Anteil der per Bahn transportierten Gütermenge reduzierte sich seit 1965 von 87 % auf weniger als 40 %. Während die Straßenverbindungen kontinuierlich ausgebaut wurden, blieben die Schienenwege auf dem technischen Stand der Vorkriegszeit. Seit Jahren ist die Transportkapazität der Bahn weitgehend ausgeschöpft. Infrastrukturelle Mängel wie fehlende Verladeterminals und zu geringe Tunnelabmessungen für die international genormten Container sowie überlange Wartezeiten und komplizierte Abfertigungsmodalitäten sind die wesentlichen Ursachen des zunehmenden Attraktivitätsverlusts der Bahn im internationalen Wettbewerb mit den LKW-Spediteuren.

Güterverkehr über die Alpen

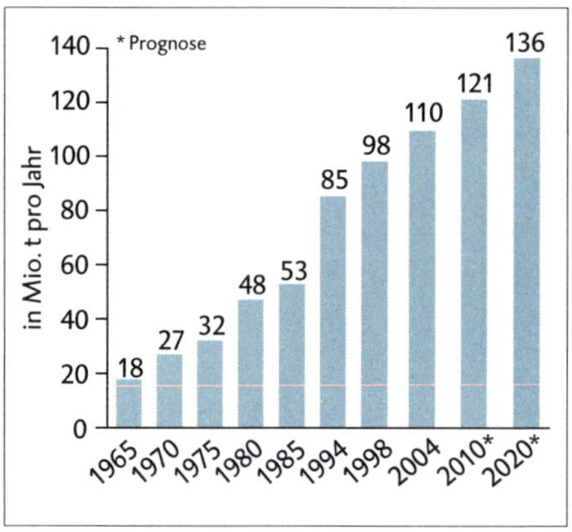

Den größten Teil des alpenquerenden Verkehrsstromes bewältigen die acht Passrouten des inneren Alpenbogens. Der mit Abstand wichtigste Alpenpass ist der **Brenner**, über den im Jahre 2004 knapp 43 Mio. t Güter transportiert wurden, davon 80 % über die Brenner-Autobahn und 20 % über die Brenner-Bahnstrecke. Mehr als 5 000 LKW passieren täglich im internationalen Nord-Süd-Verkehr zwischen Nord- bzw. Mitteleuropa und Italien diese viel befahrene Strecke.

Alpenquerender Güterverkehr 1970–2004 in Mio. t

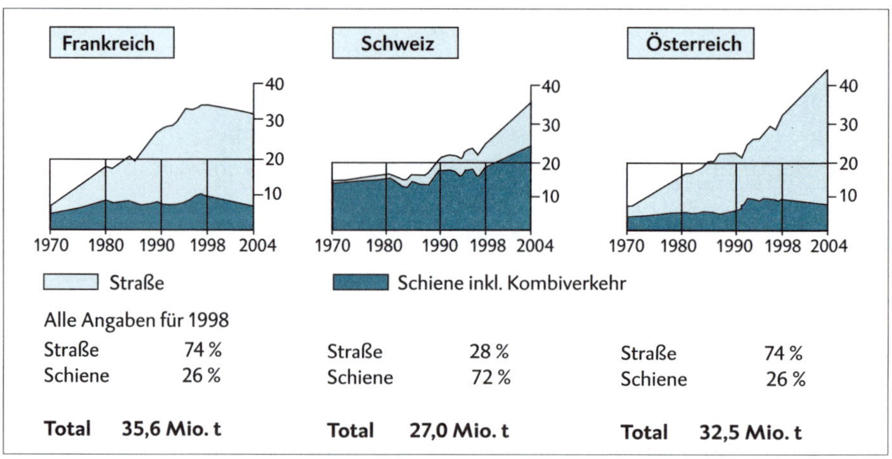

Diese Konzentration auf die Brennerroute ist jedoch nur zum Teil auf die niedrige Passhöhe, die ganzjährige Befahrbarkeit und den sehr guten Ausbau der Brenner-Autobahn zurückzuführen. Ein Viertel des LKW-Verkehrs über den Brennerpass werden dem so genannten **Umwegtransit**, der Umfahrung der Schweiz zugerechnet.

Exkurs: Alpentunnel für neue Bahnstrecke zwischen Lyon und Turin ist mit 52 Kilometern noch länger als die Ärmelkanal-Unterführung

Nach mehr als zehn Jahre andauernden Verhandlungen haben Frankreich und Italien beschlossen, eine Bahn-Schnell-Strecke von Lyon nach Turin zu bauen.

Im Jahr 2015, so die Planung, wird man mit dem Hochgeschwindigkeitszug für die 280 km nur noch eineinhalb Stunden brauchen. Der Train à Grande Vitesse (TGV) wird dabei auch durch einen 52 km langen Alpentunnel zwischen Saint-Jean-de-Maurienne auf der französischen und dem Susatal auf der italienischen Seite fahren. Dieser wird dann nach dem Gotthard-Eisenbahntunnel und dem geplanten Brenner-Basistunnel der drittgrößte Tunnel Europas sein. Dies ist das ehrgeizigste Verkehrsprojekt seit dem Bau des etwas kürzeren Kanaltunnels, der seit 1994 Frankreich mit England verbindet.

Es waren immer schon die Franzosen, die sich für das Projekt begeistert haben, denn die französische Verkehrspolitik hat eine klare Präferenz für den staatlich subventionierten TGV-Schienenverkehr. Schon heute gibt es mit dem „Thalys“ eine TGV-Verbindung von Paris über Brüssel nach Amsterdam und Köln, für 2005 ist die Fertigstellung der Verbindung Montpellier – Barcelona vorgesehen, und im Jahr darauf soll endlich auch Straßburg näher an die Hauptstadt rücken.

Heute beträgt die Reisezeit von Lyon nach Turin noch drei Stunden und 40 Minuten. Dennoch ist es das Hauptanliegen des Projekts, den transalpinen Frachtverkehr auf die Schiene zurückzuholen, mit dessen Verdoppelung in den nächsten 15 Jahren gerechnet wird.

Quelle: Süddeutsche Zeitung vom 31. 01. 2001

Die **schweizerische Verkehrspolitik** reglementiert nicht zuletzt wegen klarer Abstimmungsergebnisse von Volksbefragungen den Straßengüterverkehr einschneidend. Entsprechend dem Grundsatz „Der Schwerverkehr gehört auf die Schiene!“ gilt in der Schweiz ein generelles Sonntags- und Nachtfahrverbot für Lastwagen und das Gesamtgewicht der LKW ist auf 28 t (in der EU bis zu 44 t) beschränkt. Hinzu kam 2001 eine drastische Erhöhung der Transitgebühren, die dann z. B. zwischen Basel und Chiasso statt wie bisher 25 Franken 325 Franken betrugen. In der Schweiz werden deswegen im Alpentransit drei Viertel der Güter auf der Schiene und nur ein Viertel auf der Straße transportiert (vgl. S. 146). Bis 2004 soll, so das Ergebnis einer Volksabstimmung 1994, der gesamte Transitgüterverkehr auf die Schiene verlagert werden.

Das Transitsystem der Schweiz

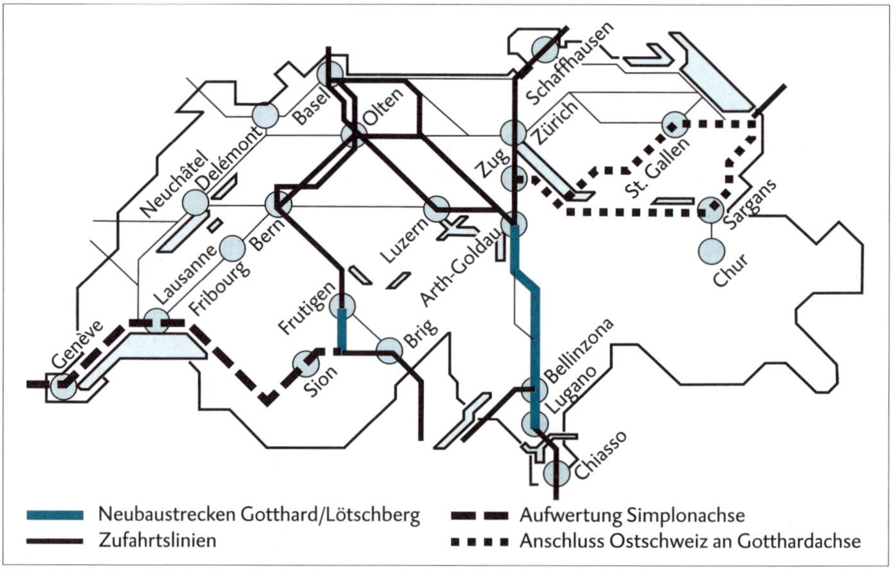

Die Ziele einer gemeinsamen europäischen Verkehrspolitik für den Alpenraum sehen nun einen verstärkten Ausbau der bestehenden Schienenstrecken und wenn notwendig einen Neubau modernster Hochgeschwindigkeitsstrecken vor. Kernstück dieser Planungen ist ein neuer **Brenner-Basistunnel** zwischen Innsbruck und Brixen mit 55 km Länge, durch den in 24 Stunden 400 Züge in beiden Richtungen fahren könnten. Schätzungen der Investitionen beliefen sich 1990 auf 6,1 Mrd. € und erreichten 1998 eine Höhe von über 12,7 Mrd. €. Italien und Deutschland zeigen bisher keine Bereitschaft, sich an der Finanzierung zu beteiligen. Aber auch die österreichische Regierung sieht angesichts der immensen Baukosten keine dringende Notwendigkeit für das Tunnelprojekt. In der Schweiz dagegen hat man sich für den Aus- und Neubau von Eisenbahnstrecken im alpenquerenden Verkehr entschieden.

Diese neuen Alpentransversalen bilden das Rückgrat für die Förderung des **Kombinierten Verkehrs**, der Straße und Schiene umweltschonend verbinden soll. Dabei unterscheidet man den unbegleiteten Verkehr, bei dem Großcontainer, Sattelauflieger oder Wechselbehälter auf die Bahn verladen werden und den begleiteten Verkehr, bei dem das ganze Fahrzeug auf Waggons gefahren wird und der Fahrer im gleichen Zug mitreist („Rollende Landstraße").

5 Globaler Containerverkehr: Der Hamburger Hafen – Deutschlands „Tor zur Welt"

Der internationale **Containerverkehr** ist neben dem Flugverkehr und der Datenkommunikation eine wichtige Voraussetzung für „Global Sourcing" und „Global Distribution". Distanzen werden von Produzenten und Anbietern nur überwunden, wenn die Transportkosten niedrig gehalten werden können. Grundlage der Globalisierung der internationalen Warenströme ist der Containerverkehr und dessen weltweite Verflechtungen.

Der Hamburg Containerhafen gehört zu den zehn größten weltweit.

Moderne Containerschiffe umrunden die Welt in ca. 80 Tagen und auf ihren Routen laufen sie nur wenige Containerhäfen direkt an, deren Infrastruktur ein schnelles und kostengünstiges Be- und Entladen ermöglichen. Alle anderen Häfen werden im so genannten Feederverkehr durch kleinere Schiffe bedient.

Die weltweit bedeutendsten Häfen und Transportwege

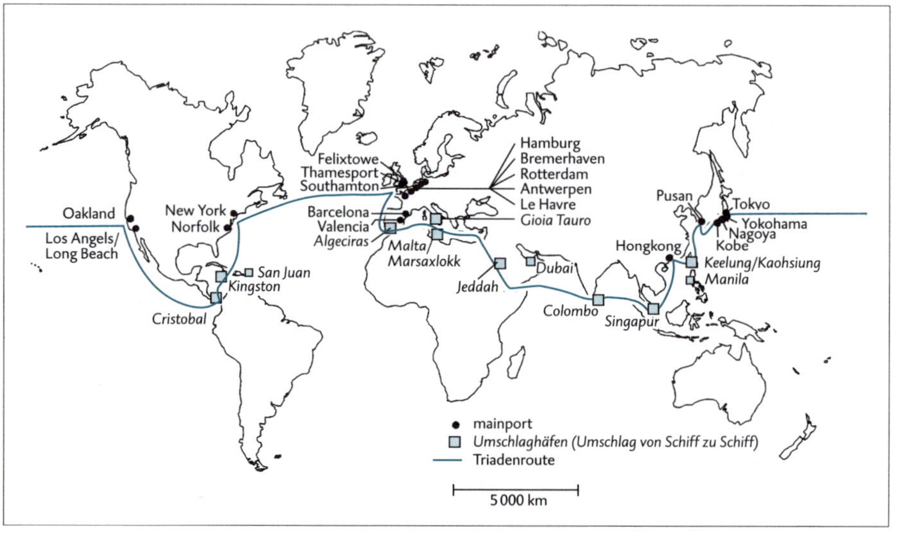

Ein Viertel des gesamten Welthandels wird heute mit Containern abgewickelt. Die Vorteile des Einsatzes von Containern im Warenverkehr stellen eine Revolution des internationalen Transportwesens dar:

- Weltweit gültige Normierung der Containermaße;
- Global einsetzbares Transportmedium;
- Beschleunigter Gütertransport, dadurch Zeit und Kosten sparende Verkehrsabwicklung;
- Schnelles Umladen auf alle zur Verfügung stehenden Verkehrsträger;
- Senkung der Liegekosten der Hochseeschiffe in den Häfen während den Ladearbeiten durch modernstes Transportgerät.

Weltweite Containerdienste der großen Reedereien bündeln ihre Verbindungen in jenem Teil der Welt, der als **Triade** bezeichnet wird. Der Verkehr konzentriert sich auf wenige Hauptrouten und ausgewählte Häfen. Für das Erreichen des westeuropäischen Triadekerns werden von den Reedereien bevorzugt die Haupthäfen Rotterdam, Hamburg, Antwerpen, Bremerhafen und Le Havre angelaufen. Die Ostseehäfen sind nur im Feederverkehr angebunden, da die Fahrt durch die dänischen Meerengen oder den Nord-Ostsee-Kanal zu zeitaufwändig ist. Ebenso konzentrieren sich zwei Drittel des mediterranen Containerumschlags auf Häfen im westlichen Mittelmeer.

Containerumschlag in europäischen Seehäfen 1980 und 1990

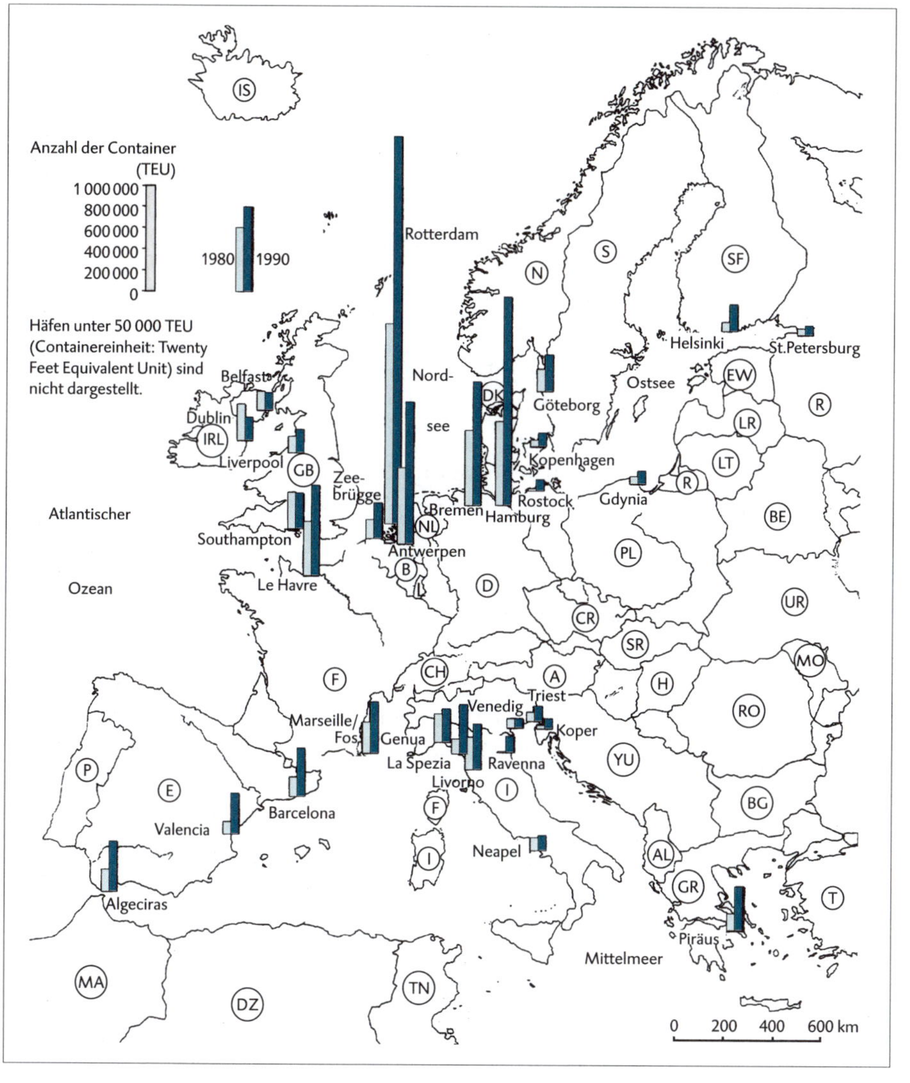

Der Hamburger Hafen nimmt unter den zehn größten **Containerhäfen** der Welt den neunten Platz ein. Dieser Erfolg konnte nur durch eine forcierte Hafenausbaupolitik des Senats erreicht werden, denn durch den Eisernen Vorhang, der Europa bis 1990 teilte, hatte Hamburg einen Großteil seines Hinterlandes verloren und nahm so eine Randlage innerhalb Westeuropas und der Europäischen Gemeinschaft ein. Zu den großräumigen Standortproblemen traten die des Hafens selbst

Top Ten der Containerhäfen (2002)[37]

In 1 000 TEU*	1998	2002
1. Hongkong	14 582	19 144
2. Singapur	15 135	16 940
3. Pusan	5 752	9 453
4. Shanghai	3 068	8 620
5. Kaohsiung	6 271	8 493
6. Shenzhen	1 952	7 613
7. Rotterdam	6 010	6 515
8. Los Angeles	3 378	6 105
9. Hamburg	3 546	5 373
10. Antwerpen	3 265	4 777

* Containereinheit TEU: Twenty Feet Equivalent Unit

- Relative Binnenlage: der zeitliche Mehraufwand aufgrund der Entfernung zum offenen Meer (mehr als fünf Stunden Fahrzeit auf der 100 km langen Unterelbe);
- Tidehafen: eingeschränkte Zufahrtszeiten der Hochseeschiffe während der Ebbe behindern vor allem den terminabhängigen Linienverkehr;
- Zusätzliche Transportkosten für Schlepper- und Lotsendienste;
- Beschränkung der auf der Unterelbe fahrenden Hochseeschiffe wegen der zur Verfügungen stehenden Fahrrinnentiefe;
- Begrenzte Erweiterungsmöglichkeiten der Hafenanlagen im Hamburger Stadtgebiet;
- Konkurrenzsituation durch die Nähe zu anderen großen Häfen direkt an der Nordseeküste, wie z. B. Rotterdam mit optimalem Anschluss an das Hinterland über die Rheinschiene.

Um diese Standortnachteile auszugleichen, erweiterte man bereits in den 60er Jahren das Hafengebiet und schuf neue leistungsfähige Terminals für den Containerumschlag und das Entladen von Massengütern. Damit ging der Ausbau der Verkehrsträger im Innerhafen- und im Hinterlandverkehr einher. Seit dem Bau des größten und modernsten europäischen Rangierbahnhofes bei Maschen (1975) hat sich auch die Transportgeschwindigkeit der Bahn erhöht. Hinzu kommt die Anbindung Hamburgs an das **europäische Binnenwasserstraßennetz** und der Ausbau der von Hamburg ausgehenden Autobahnstrecken mit der besonderen Anbindung Skandinaviens mittels der neuen Brü-

37 nach: www.hafen-hamburg.de, 2003

ckenbauwerke über die dänischen Meerengen. Besonders positiv hat sich aber die Öffnung der innerdeutschen Grenze 1989 und der folgende Transformationsprozess osteuropäischer Staaten auf den Warenumschlag im Hamburger Hafen ausgewirkt. Die Hinterlandverbindungen reichen nun durch tägliche Zugverbindungen weit nach Osteuropa. Diese „neue" Gunstlage Hamburgs hat zwischen 1990 und 2004 zu einer Steigerung des Gesamtumschlags im Hafen um 86 % geführt.

Seit 1971 ist der Containerumschlag im Hamburger Hafen auf das Zwanzigfache angestiegen und im **Stückgutverkehr** werden inzwischen fast 97 % der Waren in Containern umgeschlagen. 2005 waren 154 000 Arbeitsplätze direkt oder indirekt vom Hamburger Hafen abhängig. Als Hafen- und Werftarbeiter waren 1979 ca. 12 000 Personen beschäftigt, 2005 waren es noch knapp 4 000. Der Hafenentwicklungsplan des Hamburger Senats sieht zur Verbesserung der Konkurrenzfähigkeit mit den anderen Nordseehäfen eine weitere Modernisierung des Hafenbetriebs zu einem Logistikzentrum für den Containerverkehr und den Ausbau der Umschlagkapazitäten vor. Zum Jahreswechsel 1999/2000 wurde die aus ökologischen Gründen lang umstrittene Fahrrinnenanpassung der Elbe abgeschlossen, sodass heute auch die größten Containerschiffe den Hafen anlaufen können.

Im Jahr 2001 wurden die ersten neuen Liegeplätze des im westlichen Stadtgebiet an der seeschifftiefen Süderelbe gelegenen neuen Containerterminals Altenwerder in Betrieb genommen. Hier entstand nahe der Hafenbahn und der Autobahn A 7 ein modernes **Güterverkehrszentrum**, in dem ein schneller Umschlag der Container zwischen den Verkehrsträgern Schiff, Eisenbahn und LKW organisiert wird. 3 000 bis 5 000 neue Arbeitsplätze können laut Senatsverwaltung hier entstehen. Der private Betreiber schätzt aber, dass 500 Beschäftigte genügen werden, um den Rund-um-die-Uhr-Betrieb zu bewältigen.

Welche Auswirkungen der im Frühjahr 2001 von den norddeutschen Bundesländern Hamburg, Bremen und Niedersachsen beschlossene Bau eines neuen Tiefwasserhafens vor Wilhelmshaven für den Güterumschlag Hamburgs haben wird, kann gegenwärtig noch nicht abgesehen werden.

Europäische Integration und grenzüberschreitende Zusammenarbeit

1 Der Weg zur europäischen Integration

In einem bisher einmaligen Integrationsprozess ist in Europa in den vergangenen fünf Jahrzehnten ein aus 25 Staaten bestehender Wirtschaftsraum entstanden, in dem rund 460 Millionen Menschen leben (Stand: 2006). In dessen Binnenmarkt leben nur etwa 7,4 % der Weltbevölkerung, aber hier wird ein Drittel des weltweiten Bruttoinlandsprodukts und die Hälfte des Weltexportes erzeugt. Seit den ersten Abkommen kurz nach dem Ende des Zweiten Weltkrieges erfolgte eine Stärkung der gegenseitigen Wirtschaftsbeziehungen und eine räumliche Expansion durch neue Mitgliedsstaaten. Auch in Zukunft soll der europäische Wirtschaftsraum um beitrittsfähige Länder erweitert werden. Als nächste Beitrittsländer sollen 2007 Bulgarien und Rumänien folgen.

Chronik der europäischen Einigung

1947 verkündeten die USA für den Wiederaufbau der westeuropäischen Wirtschaft den **Marshallplan**. Dessen Wirtschafts- und Finanzhilfen waren an eine gemeinsame Planung sowie eine enge wirtschafts-, finanz- und handelspolitische Zusammenarbeit auf europäischer Ebene gebunden und standen zunächst auch den osteuropäischen Staaten zur Verfügung. 17 westeuropäische Staaten gründeten 1948 die **OEEC** (Organization for European Economic Cooperation), die sich 1961 unter Einbeziehung der USA, Kanadas und Japans zur **OECD** (Organization for Economic Cooperation und Development) weiterentwickelte. Die Sowjetunion verhinderte die Teilnahme osteuropäischer Staaten am Marshallplan und gründete 1949 den **Rat für gegenseitige Wirtschaftshilfe** (RGW bzw. COMECON) mit dem Ziel gegenseitiger technischer und wirtschaftlicher Hilfe sowie einer weitgehenden Arbeitsteilung der sozialistischen Staaten durch Abstimmung der Wirtschaftspläne und Handelsbeziehungen.

Auf Anregung des französischen Außenministers Robert Schuman entschlossen sich Anfang der 50er Jahre mit Frankreich, Italien, Belgien, den Niederlanden, Luxemburg und Deutschland diejenigen Staaten zur ersten Europäischen Gemeinschaft, die Hauptschauplätze beider Weltkriege waren. 1951 unterzeichneten sie den Vertrag über die Gründung der **Europäischen Gemeinschaft für Kohle und Stahl** (EGKS, Montanunion), der auch staatliche Hoheitsrechte übertragen wurde, wie z. B. Investitionshilfen, Maßnahmen zum Strukturwandel in der Montanindustrie, Preisfestsetzung und Quoten zur Produktionsbegrenzung, Verbot zwischenstaatlicher Ausfuhr-/Einfuhrzölle.

Der Weg zur europäischen Einigung

1947	Der Außenminister der USA, George C. Marshall, verkündet das amerikanische Wiederaufbauprogramm für Europa („Marshallplan“).
1948	• Frankreich, Großbritannien und die Benelux-Länder unterzeichnen den Brüsseler Pakt („Westunion“) zur kollektiven Verteidigung, sozialen und kulturellen Zusammenarbeit – ein Vorläufer von Europarat und NATO. • 17 westeuropäische Staaten schließen sich in der OEEC (Organization for European Economic Cooperation) zusammen. Ihre Ziele sind die Verteilung der Marshallplan-Mittel – Bedingung der USA für die gewährte Hilfe.
1949	• Der „Rat für gegenseitige Wirtschaftshilfe“ (RGW, engl. Abk. COMECON) wird unter Führung der Sowjetunion als Koordinierungsinstrument für die Planwirtschaften der sozialistischen Staaten gegründet. • 10 westeuropäische Staaten gründen den Europarat mit dem Ziel engerer Zusammenarbeit der Mitglieder (außer Verteidigung).
1951	Die Bundesrepublik Deutschland, Frankreich, Italien und die drei Benelux-Staaten unterzeichnen den Vertrag über die Gründung der Europäischen Gemeinschaft für Kohle und Stahl (EGKS/Montanunion).
1957	Die sechs Montanunion-Staaten unterzeichnen die Verträge über die Gründung der Europäischen Wirtschaftsgemeinschaft (EWG) und der Europäischen Atomgemeinschaft (Euratom). Sie treten am 1. Januar 1958 in Kraft (Römische Verträge).
1960	Großbritannien, Irland, Norwegen, Österreich, Portugal, Schweden und die Schweiz gründen eine Freihandelszone (European Free Trade Association/EFTA), der sich 1961 Finnland und 1970 Island anschließen.
1965	Zusammenlegung der wichtigsten Organe von Montanunion, EWG und Euratom, Bezeichnung seither: Europäische Gemeinschaft, EG.
1973	Großbritannien, Dänemark und Irland werden Mitglieder der EG; sie verlassen damit die EFTA. Norwegen hatte in einem Volksentscheid gegen die EG-Mitgliedschaft gestimmt.
1981	Griechenland wird zehntes Mitglied der EG.
1986	Spanien und Portugal werden Mitglieder der EG.
1991	Verhandlungen zwischen EG und EFTA über die Schaffung eines gemeinsamen Europäischen Wirtschaftsraumes.
1992	„Vertrag über die Europäische Union“; EG-Reformbeschlüsse von Maastricht zur wirtschaftlichen und politischen Union.

1993	Europäischer Binnenmarkt innerhalb der 12 EG- bzw. EU-Staaten (Europäische Union)
1995	Beitritt Österreichs, Schwedens und Finnlands zur EU.
1999	Einführung des Euro als neues Zahlungsmittel; Beginn der Beitrittsverhandlungen mit den Staaten Mittelost- und Südosteuropas.
2002	Grünes Licht für 10 Beitrittskandidaten
2004	Beitritt von Estland, Lettland, Litauen, Polen, Tschechien, Slowakei, Ungarn, Slowenien, Malta und Zypern
2007	Beitritt von Rumänien und Bulgarien (Stand: November 2006)

Quelle: Bundeszentrale für politische Bildung (Hrsg.): Informationen zur politischen Bildung, Nr. 213, 1986, S. 5, 7 geändert und ergänzt und Nr. 279, 2003, S. 12

Vor dem Hintergrund zunehmender wirtschaftlicher Verflechtungen und des wachsenden Konkurrenzdruckes auf dem Weltmarkt unterzeichneten die sechs Montanunion-Staaten 1957 die **Römischen Verträge** über die Gründung der **Europäischen Wirtschaftsgemeinschaft** (EWG) und der **Europäischen Atomgemeinschaft** (EURATOM), die am 1. Januar 1958 in Kraft traten. Damit war der Grundstein zur schrittweisen Zusammenführung der sechs Volkswirtschaften zu einem einheitlichen Wirtschaftsgebiet, dem Gemeinsamen Markt gelegt, mit einer Zollunion (Beseitigung aller Binnenzölle und sonstiger Handelshemmnisse, gemeinsamer Außenzoll) und dem Ziel einer Wirtschafts- und Währungsunion. Zugleich sollte mit der EURATOM die friedliche Nutzung der Kernenergie gemeinschaftlich gefördert werden. 1960 gründeten Großbritannien, Irland, Norwegen, Österreich, Portugal, Schweden, Schweiz, Finnland und Island (seit 1970 Mitglied) die Freihandelszone **EFTA** (European Free Trade Association, Zollfreiheit für den Handel zwischen den Mitgliedsländern).

Montanunion, EWG und EURATOM bilden seit ihrer Fusion 1965 die **Europäischen Gemeinschaften** (EG). Gemeinsame Organe sind der Ministerrat, die mit großen Befugnissen ausgestattete Kommission, die parlamentarische Versammlung (heute das Europäische Parlament mit einer Direktwahl der Abgeordneten seit 1979) und der Europäische Gerichtshof. 1973 traten Großbritannien, Dänemark und Irland der EG bei, während sich die Bevölkerung Norwegens in einem Volksentscheid gegen eine Mitgliedschaft aussprach. Mit dem Beitritt Griechenlands 1981 und von Spanien und Portugal 1986 vollzog sich die Süderweiterung der EG. Die 1987 in Kraft getretene **Einheitliche Europäische Akte** erweiterte die Aufgabenbereiche der EG und legte die Verwirklichung eines gemeinsamen Binnenmarktes bis 1992 fest.

Die drei Säulen der Europäischen Union

Europäische Gemeinschaft	Gemeinsame Außen- und Sicherheitspolitik	Zusammenarbeit in der Innen- und Justizpolitik
• Unionsbürgschaft • Zollunion und Binnenmarkt • Wirtschafts- und Währungsunion • Wettbewerbspolitik • Gemeinsame Agrarpolitik • Gemeinsame Handelspolitik • Gemeinsame Verkehrspolitik • Strukturpolitik • Transeuropäische Netze • Forschung und Entwicklung • Umwelt • Entwicklungshilfe • Sozialpolitik • Verbraucherschutz • Bildung und Kultur Gesundheitswesen	Außenpolitik • Kooperation, gemeinsame Standpunkte und Aktionen • Friedenserhaltung • Menschenrechte • Demokratie • Hilfe für Drittstaaten Sicherheitspolitik • Gestützt auf die WEU: die Sicherheit der Union betreffende Fragen • Abrüstung • Wirtschaftliche Aspekte der Rüstung • Langfristig: europäische Sicherheitsordnung	• Asylpolitik • Außengrenzen • Einwanderungspolitik • Kampf gegen Drogenabhängigkeit • Bekämpfung des organisierten internationalen Verbrechens • Justitielle Zusammenarbeit in Zivil- und Strafsachen • Polizeiliche Zusammenarbeit • Zusammenarbeit im Zollwesen

1990 erfolgte der Beitritt der DDR zur Bundesrepublik Deutschland und damit zur EG, 1991 führte der Zerfall der Sowjetunion zur Auflösung des Rates für gegenseitige Wirtschaftshilfe und des Warschauer Paktes.

Der auf der Konferenz in Maastricht (Niederlande) 1991 unterzeichnete und 1993 in Kraft getretene **Vertrag über die Europäische Union** (EU-Vertrag) bildet die Grundlage für die Vollendung der Europäischen Wirtschafts- und Währungsunion, die weitere politische Integration durch eine gemeinsame Außen- und Sicherheitspolitik und für eine Zusammenarbeit in den Bereichen Justiz und Inneres („drei Säulen der EU“).

Die Vollendung des gemeinsamen Binnenmarktes stützt sich auf die vier Grundfreiheiten – die unbeschränkte Mobilität von Personen, Gütern, Dienstleistungen und Kapital.

Mit der Einführung des Euro als gemeinsame Währung in zwölf Staaten der EU (ohne Schweden, Großbritannien, und Dänemark) 2002 wurde die Wirtschafts- und Währungsunion vollzogen.1995 traten Schweden, Finnland und Österreich der Europäischen Union bei, mit den verbliebenen EFTA-Staaten Norwegen, Liechtenstein und Island wurde der Europäische Wirtschaftsraum gegründet. Der **EU-Erweiterungsprozess** begann 1998 mit Beitrittsverhandlungen mit Estland, Polen, Slowenien, der Tschechischen Republik, Ungarn und Zypern, seit 2000 auch mit Bulgarien, Lettland, Litauen, der Slowakischen Republik, Rumänien und Malta. Der Ende **2000** unterzeichnete **Vertrag von Nizza** regelt die neue zukünftige Zusammensetzung der Kommission, die Stimmengewichtung im EU-Ministerrat und die Ausweitung von Mehrheitsentscheidungen und bildet so die Grundlage für die Aufnahme der beitrittswilligen Staaten in die Europäische Union. Mit dem Beitritt von Polen, Tchechien, Ungarn, Slowakei, Litauen, Estland, Lettland, Slowenien, Zypern und Malta **2004** wurde die EU der 15 zur **EU der 25**. 2007 sollen Rumänien und Bulgarien folgen. Mit Kroatien und der Türkei werden seit 2005 Beitrittsverhandlungen geführt. Zudem hat Mazedonien am 17. Dezember 2005 den Status eines Beitrittskandidaten erhalten.

Die vier Freiheiten im Binnenmarkt

Freier Personenverkehr

Wegfall von Grenzkontrollen;
Harmonisierung der Einreise-, Asyl-, Waffen- und Drogengesetze;
Niederlassungs- und Beschäftigungsfreiheit für EU-Bürger;
verstärkte Außenkontrollen

Freier Warenverkehr

Wegfall von Grenzkontrollen;
Harmonisierung oder gegenseitige Anerkennung von Normen und Vorschriften;
Steuerharmonisierung

Freier Dienstleistungsverkehr

Liberalisierung der Finanzdienste;
Harmonisierung der Banken- und Versicherungsaufsicht,
Öffnung der Transport- und Kommunikationsmärkte

Freier Kapitalverkehr

Größere Freizügigkeit für Geld- und Kapitalbewegungen;
Schritte zu einem gemeinsamen Markt für Finanzleistungen;
Liberalisierung des Wertpapierverkehrs

Stimmen im EU-Ministerrat (seit 2004)

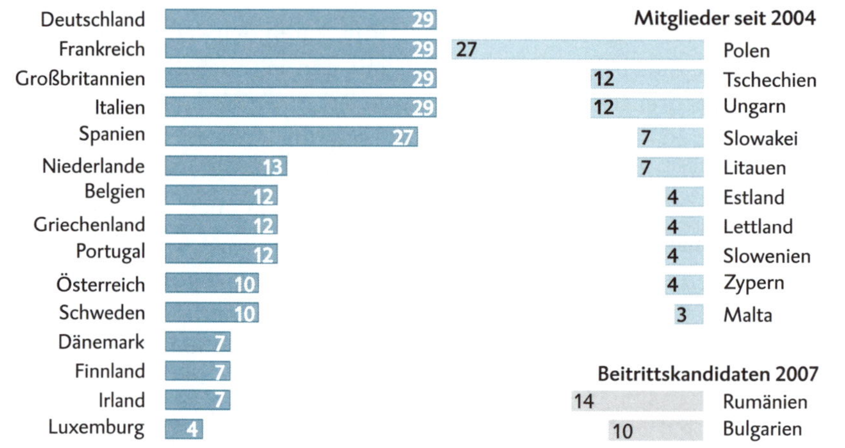

Insgesamt 321 Stimmen
Die meisten Beschlüsse im Rat werden mit einer "qualifizierten Mehrheit" von 232 Stimmen gefasst.
Ein Mitgliedsstaat kann beantragen, dass nachgeprüft wird,ob die qualifizierte Mehrheit mindestens 62 % der EU-Bevölkerung repräsentiert.

Zwischen den Ländern und Regionen der EU bestehen aber noch immer tief greifende Unterschiede im sozioökonomischen Entwicklungsstand und in den Wirtschaftsstrukturen. Ein Drittel der Gemeinschaftsausgaben der EU, im Jahr 2005 ca. 30 Mrd. Euro, werden zur Finanzierung von Programmen und Projekten zur Verringerung der **Disparitäten** zwischen Regionen und sozialen Gruppen sowie zur Stärkung des wirtschaftlichen und sozialen Zusammenhalts in der EU ausgegeben. **Fördergebiete** sind vor allem

- die peripher gelegenen Regionen mit einem Bruttoinlandsprodukt pro Kopf von weniger als 75 % des Gemeinschaftsdurchschnitts (Ziel 1-Gebiete z. B. neue Bundesländer in Deutschland, Irland, Süditalien, Griechenland),
- Industrieregionen mit rückläufiger Entwicklung (Ziel 2-Gebiete z. B. Saarland, Lothringen, Mittelengland) und
- ländliche Gebiete (Ziel 5 b-Gebiete z. B. Schottland, Normandie).

Daneben erhalten die zahlreichen Projekte **grenzüberschreitender Zusammenarbeit** an den Binnen- und Außengrenzen besondere finanzielle Unterstützung.

2 Das Modell der Euregio

Der Europäische Binnenmarkt, die Vereinigung der beiden deutschen Staaten und die Öffnung nach Mittelost- und Südosteuropa lassen zahlreiche Grenzräume in Europa in einer veränderten Position erscheinen. Mit wachsender Integration werden Grenzen zwischen den Mitgliedstaaten der EU viel von ihrer bisherigen Bedeutung verlieren. Gegenwärtig gelten die Grenzregionen im Gegensatz zu den wirtschaftlichen Aktivräumen des jeweiligen Landes noch als strukturschwache Passivräume. Diese Strukturschwäche zeigt sich in der

- unzureichenden Infrastruktur,
- Endlage im Verkehrsnetz,
- geringen Industriedichte,
- Ansiedlung nachgeordneter Produktionsstätten als „verlängerte Werkbänke“,
- ungenügenden Beschäftigung im Tertiären Sektor,
- überdurchschnittlich hohen Beschäftigung im Primären Sektor,
- Abwanderung jüngerer aktiver Bevölkerungsgruppen.

Die Euregios zwischen Deutschland und den westlichen Nachbarländern

Grenznahe zentrale Orte beklagen zusätzlich die Zerschneidung ihres Umlandes und die Existenz unterschiedlicher Rechtsnormen, Steuer- und Sozialgesetzgebung beiderseits der Grenzen. Dynamische Grenzräume mit grenzüberschreitenden Verflechtungen setzen eine grenzüberschreitende **Raumordnung** und **Raumplanung** voraus. Erste Versuche, mit den Nachbarn ins Gespräch zu kommen und schließlich zu verhandeln, liegen zum Teil schon mehrere Jahrzehnte zurück. 1960 wurde z. B. zwischen Niederrhein, Ems und Jissel im deutsch-niederländischen Grenzgebiet die Euregio

„Gronau/Enschede“ gegründet, 1963 auf privatrechtlicher Basis die „Regio Basiliensis“ und 1970 die „Regionalkommission Saar-Lor-Lux“.

Mit dem Beginn des **Transformationsprozesses** in den osteuropäischen Ländern wurde der Wunsch nach grenzüberschreitender Zusammenarbeit auf die östlichen Nachbarstaaten **Polen** und **Tschechien** ausgedehnt.

Euroregionen an der Grenze der neuen Bundesländer zu Osteuropa (schematisch)

Inzwischen bestehen an der deutschen Ostgrenze sieben Euroregionen, deren Aufgabe es ist, das Verhältnis zwischen polnischen und tschechischen Staatsbürgern einerseits und deutschen Staatsbürgern andererseits zu verbessern und besonders Verkehrs- und Umweltprobleme zu lösen.

Große Bedeutung hat hier die grenzüberschreitende Zusammenarbeit hinsichtlich eines zukünftigen Beitritts der beiden Staaten zur Europäischen Union. 1990 verabschiedete die EG-Kommission die **Gemeinschaftsaufgabe Interreg**, die Fördermittel zur Raumentwicklung der Grenzregionen zur Verfügung stellt. Zusätzlich erhalten die östlichen Euroregionen Hilfen der EU zur Unterstützung der marktwirtschaftlichen Entwicklung in Osteuropa.

Die Hauptziele der grenzüberschreitenden Zusammenarbeit an der ehemaligen Außengrenze der EU sind:

- Überwindung der Strukturschwäche im Grenzgebiet,
- Verbesserung der Lebensbedingungen im ländlichen Raum,
- Hilfe bei der Überwindung verwaltungstechnischer Schwierigkeiten,
- Beitrag zur grenzüberschreitenden Völkerverständigung,
- Herstellung und Unterstützung von Kontakten zwischen Unternehmen und Verwaltungen auf beiden Seiten der Grenze.

Die Euregio Oberrhein

Im deutsch-französisch-schweizerischen Grenzraum der südlichen Oberrheinischen Tiefebene zeigte sich sehr früh, dass die planerische und nachbarschaftliche Zusammenarbeit über diplomatische Kanäle in Bonn, Bern und Paris viel zu umständlich und zeitraubend war. 1963 gründeten deshalb weit blickende Basler Bürger den Verein „Regio Basiliensis“ mit dem Ziel, die grenzüberschreitenden Probleme mit den beteiligten Regionen zu lösen.

Die Euregio „Oberrhein“ umfasst den Raum zwischen dem schweizerischen Jura, den Vogesen und dem Schwarzwald, der durch sein mildes Klima und seine hochwertigen Böden eine landschaftsökologische Gunstlage besitzt und in dem über zwei Mio. Menschen leben. Die Euregio liegt zentral innerhalb der EU.

Die Euregio Oberrhein im Überblick

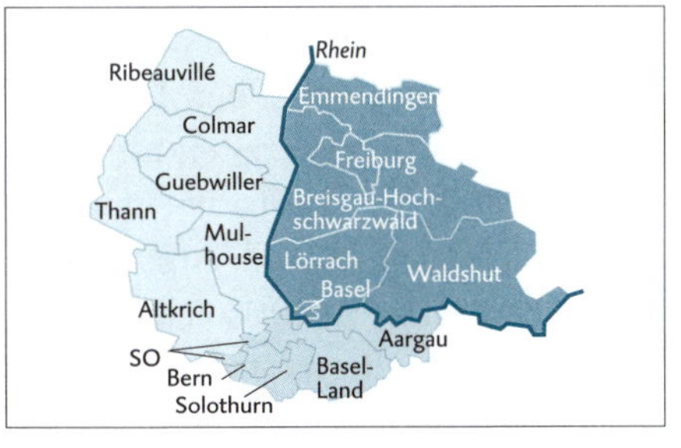

Sie besitzt als wichtige **Verkehrsleitlinie** zwischen Nord- und Südeuropa eine besondere Bedeutung. Hier verlaufen wichtige Autobahnen und Eisenbahnstrecken, der Rhein ist eine internationale, bis Basel schiffbare Wasserstraße und in der Luft queren sich internationale Luftverkehrsrouten. Diese zentrale und naturgeografische Gunstlage führt seit über 1 000 Jahren zu einem anhaltenden Streit angrenzender Herrschaftshäuser um die politische Vorherrschaft. Mehrmals wurde die deutsch-französische Grenze nach kriegerischen Auseinandersetzungen nach Westen oder Osten verschoben. Darum galt es nach dem Zweiten. Weltkrieg als besondere Aufgabe, die grenzüberschreitende nachbarschaftliche Zusammenarbeit als Beitrag zur Völkerverständigung zu fördern.

Ein 1996 unterschriebener Staatsvertrag legt die verschiedenen Ebenen grenzüberschreitender Zusammenarbeit fest und regelt verbindlich die Aufgaben und Entscheidungsbefugnis der verschiedenen Arbeitsgruppen. In einer Grundsatzerklärung der beteiligten Staats- und Regierungschefs wurde die trinationale Kooperation in der Euregio „Oberrhein“ als Modell eines möglichen Weges zu einem föderalen Europa der Regionen besonders gewürdigt.

Die zentrale Lage der Euregio Oberrhein erfordert einen optimalen Ausbau der Verkehrsträger. Rail 2 000 Schweiz, TGV Frankreich und ICE Deutschland sind drei Eisenbahnsysteme mit Hochgeschwindigkeitszügen, die im zentralen Eisenbahnknoten Basel miteinander verknüpft werden. Für den intraregionalen Verkehr besitzt das Projekt einer Regio-S-Bahn, die die verschiedenen Städte miteinander verbindet, höchste Priorität. Ein besonders kostspieliges Projekt stellt die Verbindung der französischen, schweizerischen und deutschen Autobahnen dar, die sternförmig in das innerstädtische Straßennetz von Basel einmünden und hier zu einem alltäglichen Verkehrschaos führen. Für den internationalen Verkehr bedeutsam ist der Ausbau des Flughafens Basel/Mühlhausen als Europaflughafen.

Die engen wirtschaftlichen Verflechtungen in der Euregio Oberrhein zeigen sich an der Zahl von über 100 000 **Grenzpendlern** (2001), die täglich die Staatsgrenzen überschreiten um im Nachbarland zu arbeiten. Die Hauptströme bewegen sich aus Südbaden und dem Elsass in die Schweiz sowie aus dem Elsass nach Deutschland. Am intensivsten gestalten sich die Pendlerströme im Raum Basel mit 50 000 ausländischen und 60 000 schweizerischen Einpendlern. Diese Pendlerströme sind eine Folge des wirtschaftlichen Gefälles zwischen den drei Teilregionen. Langjährige Strukturkrisen der traditionellen Industriebranchen wie Textil-, Holzverarbeitung und Kalibergbau im Elsass und viele Werksschließungen in der badischen Textilindustrie ließen auf beiden Seiten des Rheins die Arbeitslosenraten steigen. Im Gegensatz dazu stützt sich die hohe Wirtschaftskraft der Region Basel auf die Wachstumsbranchen Dienstleistungen und Chemieindustrie. Neben der Sicherheit der Arbeitsplätze spielen aber die unterschiedlichen Löhne, die in der Schweiz fast doppelt so hoch sind wie in Frankreich, eine entscheidende Rolle bei der Wahl des Arbeitsplatzes. Hervorzuheben ist außerdem, dass z. B. aus Deutschland fast ausschließlich junge Fachkräfte in den Kanton Basel pendeln.

Berufspendler am Oberrhein 2000

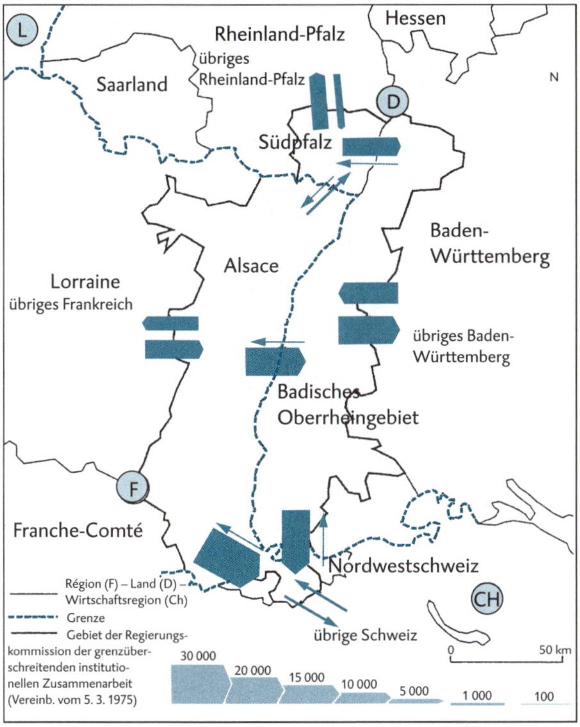

Die Region Saar-Lor-Lux

Die politischen Grenzen in der Region Saar-Lor-Lux wurden in den vergangenen 200 Jahren mehrfach durch Kriege verschoben. Zuletzt wurde erst nach einer Volksabstimmung das Saarland 1957 ein Bundesland der Bundesrepublik Deutschland. Die engen wirtschaftlichen Verflechtungen sind eine Folge der Jahrzehnte langen Dominanz des Bergbaus und der Eisen- und Stahlindustrie in dieser Montanregion.

Eine **grenzüberschreitende Kooperation** existiert seit 1970, als eine deutsch-französisch-luxemburgische Regionalkommission begann, Entwicklungs- und Investitionsmaßnahmen im Grenzraum durchzuführen.

Die Region Saar-Lor-Lux

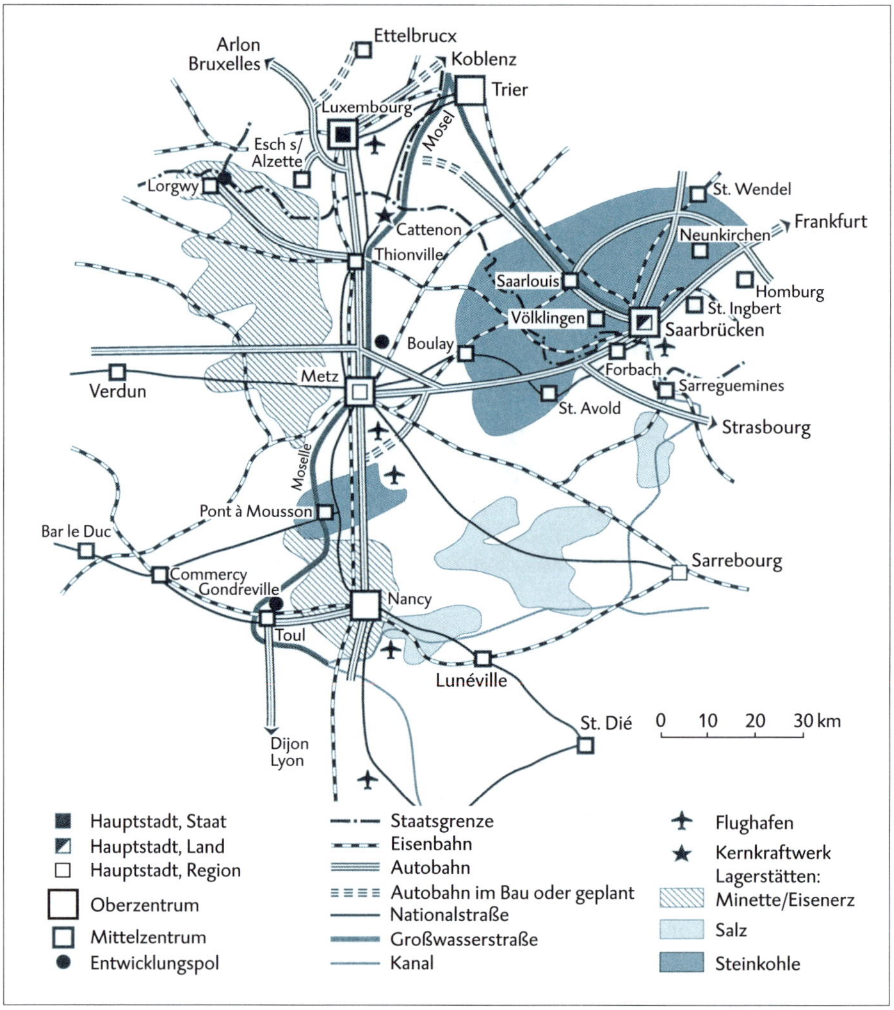

Gemeinsame Aktivitäten betreffen vor allem die Raumplanung, die Verkehrsplanung und die Förderung des Fremdenverkehrs. Die Bildung eines Regionalbewusstseins vollzieht sich hauptsächlich auf der Ebene der kommunalen grenzüberschreitenden Zusammenarbeit. Im Tertiären Sektor gibt es vielfältige grenzübergreifende Verflechtungen z. B. im Einkaufsverhalten, Bankwesen oder im Rahmen von Schul- und Universitätspartnerschaften. Eine große Bedeutung besitzt deshalb auch die bilinguale Ausbildung an den Schulen.

Die Pendlerströme spiegeln die wirtschaftliche Leistungsfähigkeit der Teilregionen wider. Lothringen hat als Zielgebiet innerhalb der Region kaum Bedeutung, es ist Quellregion starker **Pendlerströme** nach Luxemburg und ins Saarland. Wichtigstes Zielgebiet der Pendler ist infolge seines großen Arbeitsplatzangebotes im Dienstleistungssektor (z. B. Finanz- und Bankwesen) Luxemburg. Die Ansiedlung der neuen Produktionsstätte des Daimler Chrysler-Konzerns für den Kleinwagen Smart im lothringischen Sarreguemines, direkt an der Grenze zum Saarland, wird möglicherweise Veränderungen der Pendlerströme im Grenzgebiet verursachen.

Wichtigste Aufgabe der Regionalkommission ist aber die Verbesserung der Verkehrsinfrastruktur. Nachdem der Bau eines gemeinsamen Großflughafens gescheitert ist, besitzt der Anschluss an das Hochgeschwindigkeitsnetz der europäischen Eisenbahnen höchste Priorität. Entscheidend verbessert wurde bereits die Einbindung in das europäische Autobahnnetz und auch der Massengutverkehr verfügt seit der Fertigstellung der Mosel- und Saarkanalisierung über einen umweltfreundlichen und kostengünstigen Verkehrsträger mit direktem Anschluss an das europäische Binnenwasserstraßennetz.

Die Euroregion Pomerania im deutsch-polnischen Grenzgebiet

Der Zusammenbruch des kommunistischen Systems in Osteuropa, die Wiedervereinigung Deutschlands und die Öffnung der Grenzen haben die geografischen und sozioökonomischen Strukturen der Grenzregionen grundlegend verändert. Eine neue Form der räumlichen Organisation stellen in den **Transformationsländern** Mittelosteuropas Euroregionen dar. Der 1991 abgeschlossene „Vertrag über gute Nachbarschaft und freundschaftliche Zusammenarbeit" zwischen Deutschland und Polen bietet die Grundlage für die Intensivierung der Beziehungen im Grenzgebiet an Oder und Neiße. Heute besteht das deutsch-polnische Grenzgebiet aus vier Euroregionen, deren Grenzen im hohen Maße zufällig sind und die bei der Vergabe von Fördermitteln oder Investitionen miteinander in Konkurrenz stehen.

Die wichtigsten **Ziele** und **Maßnahmen** der deutsch-polnischen Euroregionen sind (nach Stryjakiewic 1996, S. 38):

- Überwindung der entwicklungshemmenden Wirkung der Staatsgrenze und Schaffung einer integrierten Wirtschaftsregion durch grenzübergreifende Raumentwicklungsplanung und Regionalpolitik sowie Auf- und Ausbau gemeinsamer Infrastrukturnetze und neuer Verkehrsverbindungen (z. B. neue Grenzübergänge),

- Hebung des Lebensstandards der Einwohner und Verringerung der Arbeitslosigkeit,
- Entfaltung des wirtschaftlichen Potenzials und Ausnutzung von Synergieeffekten durch Projekte zur wirtschaftlichen Entwicklung, Innovations- und Technologieförderung,
- Verbesserung der Umweltbedingungen durch Planung und Bau von grenzüberschreitenden Ver- und Entsorgungseinrichtungen (z. B. Trinkwassernetz, Kläranlagen, Abfallbeseitigungsanlagen) und Schaffung von Natur- und Landschaftsschutzgebieten beiderseits der Grenze und gemeinsame Maßnahmen zur Reduzierung industriebedingter Schadstoffbelastungen,
- Förderung des europäischen Gedankens und der Völkerverständigung durch Aufbau von Schul- und Universitätspartnerschaften, gemeinsame kulturelle und touristische Initiativen und Sportveranstaltungen.

Die deutsch-polnische Euroregion Pomerania wurde im April 1996 gegründet. 1998 schloss sich der schwedische Gemeindeverband Skane an. Drei Mio. Menschen leben auf einer Fläche von 38 000 km^2, die in Deutschland bis an die Staatsgrenze von Berlin reicht. Der deutsche Teil der Euroregion ist gekennzeichnet durch **hohe Arbeitslosigkeit** (bis zu 25 %) und **Bevölkerungsabwanderung**. Die wenigen Industriebetriebe konzentrieren sich in den Städten Schwedt, Stralsund, Wolgast und Eberswalde, in denen jedoch im vergangenen Jahrzehnt ein Großteil der Arbeitsplätze abgebaut wurde. Auch in der Landwirtschaft gingen viele Beschäftigungsmöglichkeiten verloren, sodass vor allem junge Leute die Region in westlicher Richtung verlassen. Positiv entwickelt sich dagegen der Fremdenverkehr an der Ostseeküste.

Im polnischen Teil der Euroregion sind die wirtschaftlichen Probleme geringer. Die Arbeitslosigkeit liegt unter 10 %. Die Industrie- und Hafenstadt Szczein profiliert sich zu einem internationalen Handels- und Dienstleistungszentrum an der Ostsee und auch der Fremdenverkehr verzeichnet Zuwächse. Dennoch ist die deutsch-polnische Grenze eine Wohlstandsgrenze, die Preise und Löhne in Polen liegen weit unter denen in Deutschland. Die Grenzbewohner nutzen dieses Preisgefälle: Deutsche fahren zum Einkaufen nach Polen und polnische Staatsbürger versuchen in Deutschland legal oder illegal einer Beschäftigung nachzugehen.

Für die Euroregion Pomerania werden wirtschaftliche Entwicklungsmöglichkeiten im Ausbau des naturnahen Tourismus und des ökologischen Landbaus gesehen. Bestehende Naturschutzgebiete sollen ausgeweitet werden, auf diese Weise entstehen neue Arbeitsplätze im Fremdenverkehr. Weitere Grenzübergänge sind geplant und die Weiterführung der auf deutscher Seite bereits im Bau befindlichen Autobahnen verbessert die regionale und überregionale Verkehrsanbindung. Sie bildet zudem die Grundlage für ein gemeinsames System **zentraler Orte** und **Entwicklungsachsen**. Weiterhin sind z. B. in der Grenzstadt Gartz die Errichtung eines deutsch-polnischen Gymnasiums, das auch von polnischen Schülern besucht wird, der Wiederaufbau einer Brücke über die Oder bei Gartz, der Bau einer gemeinsamen Kläranlage bei Swinemünde zur Verringerung der Schadstoffeinleitungen in die Odermündung und die gemeinsame Vermarktung agrarischer Produkte geplant oder bereits realisiert.

Zentrale Orte und Entwicklungsachsen der Euroregion Pomerania

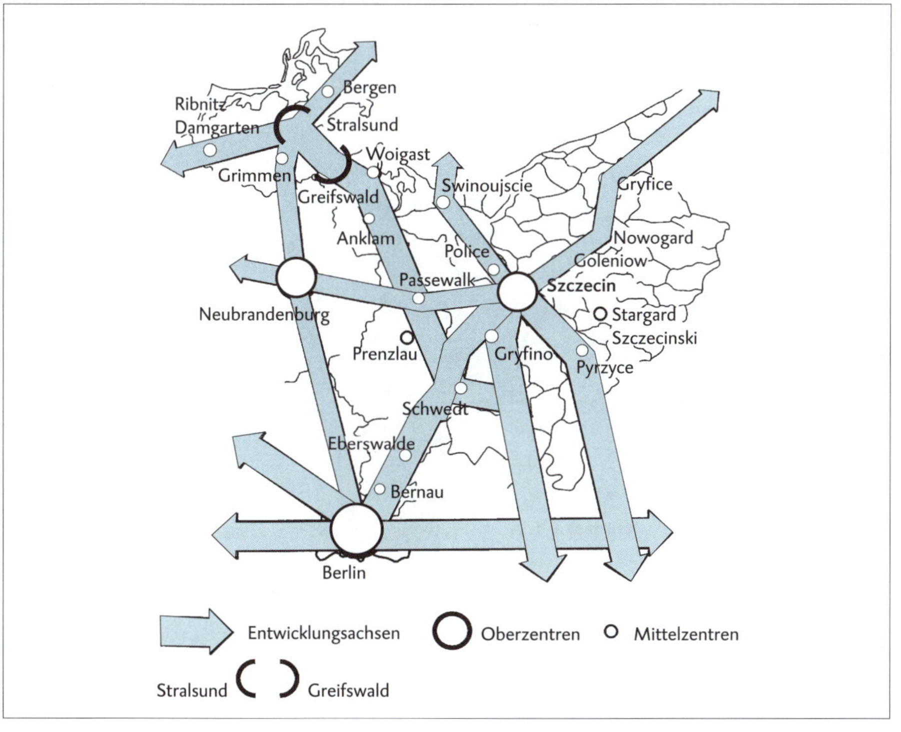

Vorbehalte gegen die Euroregion Pomerania gibt es aber sowohl von polnischer als auch von deutscher Seite. Im deutschen Grenzgebiet befürchtet man angesichts der hohen Lohnkosten eine Abwanderung deutscher Industrieunternehmen nach Polen, wo ausländische Investitionen zusätzlich staatlich gefördert werden. Die polnische Regierung dagegen registriert angesichts des wirtschaftlichen Aufschwungs in den westlichen Grenzregionen eine Verschärfung der **regionalen** und **sozialen Disparitäten** gegenüber dem polnischen Zentralraum und vor allem den östlichen Grenzregionen.

Die Euregio Egrensis

Die Euregio Egrensis wurde 1993 als grenzüberschreitende Institution gegründet. Sie umfasst Gebiete in Thüringen, Sachsen und Bayern auf deutscher Seite und grenznahe tschechische Landkreise auf einer Fläche von 17 000 km^2 und mit fast 2 Mio. Einwohnern. Grundlage für die Planung ist ein von den Wirtschaftsministerien in München, Dresden und Prag 1994 in Auftrag gegebenes „Trilaterales Entwicklungskonzept".

Die Euregio Egrensis

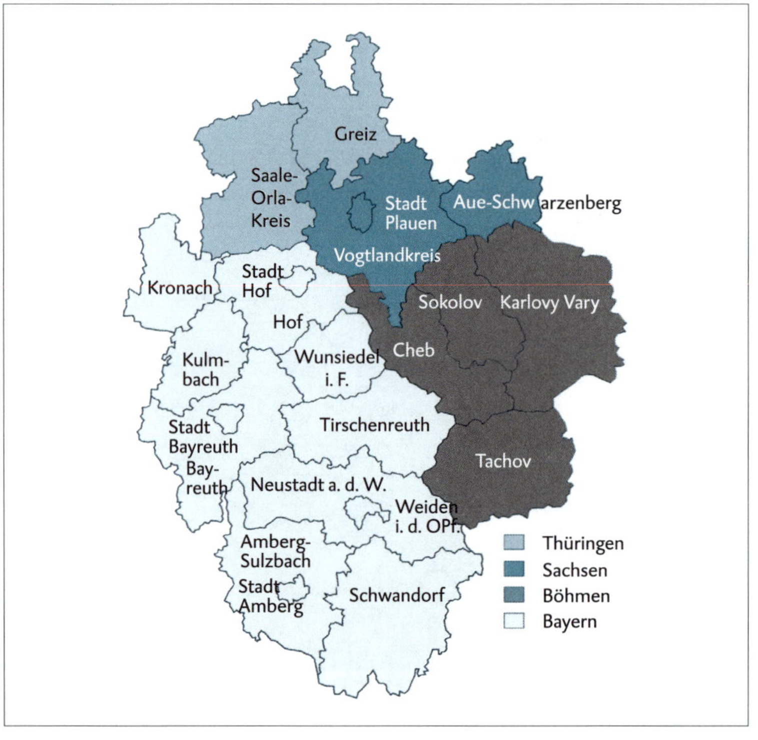

Die Vorteile einer grenzüberschreitenden Zusammenarbeit mit Tschechien sind aus deutscher Sicht:

- Zugang einheimischer Industrieprodukte zum tschechischen Markt,
- Nutzung der tschechischen Bodenschätze wie Kaolin (für die Porzellanindustrie) und Braunkohle (zur Energieerzeugung),
- Auslagerung lohnkostenintensiver Betriebe nach Tschechien,
- Förderung des Fremdenverkehrs durch Nutzung des hohen Prestigewertes der böhmischen Heilbäder.

Vorteile aus tschechischer Sicht sind:

- Transfer westlichen Know-hows,
- Schaffung neuer höherwertiger Arbeitsplätze im Sekundären Sektor,
- Förderung des grenznahen Fremdenverkehrs,
- Ausbau des Dienstleistungssektors (z. B. im Einzelhandel),
- Schaffung eines brückenkopfähnlichen Entwicklungspoles.

Den Raum der Euregio verbindet eine jahrhundertelange gemeinsame Geschichte mit intensiven Wirtschaftsbeziehungen z. B. in der Textil-, Porzellan- und Glasindustrie. Die Bevölkerung war durch einen gemeinsamen Dialekt, eine vergleichbare agrarsoziale Struktur und intensive Nachbarschaftskontakte, wie z. B. Heiratskreise eng verbunden. Die böhmischen Landkreise hatten zu Beginn des Zweiten Weltkriegs einen deutschen Bevölkerungsanteil von über 90 %. Nach Kriegsende floh der größte Teil der Deutschen oder wurde ausgesiedelt und vertrieben. Die deutsch-tschechische Grenze wurde Teil des „Eisernen Vorhangs", der West- und Osteuropa über vier Jahrzehnte trennen sollte.

Nach der Grenzöffnung 1990 wurden in der Region Egrensis die Folgen der infrastrukturellen Vernachlässigung sichtbar. Das stark erhöhte Verkehrsaufkommen und der vor allem neu hinzugekommene Transitverkehr führten auf den völlig überlasteten Straßen täglich zu kilometerlangen Staus, Lkw-Fahrer mussten an den wenigen Grenzübergängen oft tagelang auf die Abfertigung warten. Aus diesem Grund galt dem Aus- und Neubau der Hauptverkehrsstraßen höchste Priorität. Besondere Bedeutung besitzt hier der Weiterbau der Autobahn A 6 von Nürnberg nach Prag, die auf deutscher Seite östlich von Amberg endet. Wenig Erfolg hatten bisher auch die Befürworter einer Modernisierung der über 100 Jahre alten Eisenbahnstrecke Nürnberg – Prag, die von der EU im Rahmen ihrer Verkehrsplanung als zentrale Achse im west-östlichen Schienenverkehr eingestuft wird.

Fahrten über nordostbayerische Grenzübergänge 1993

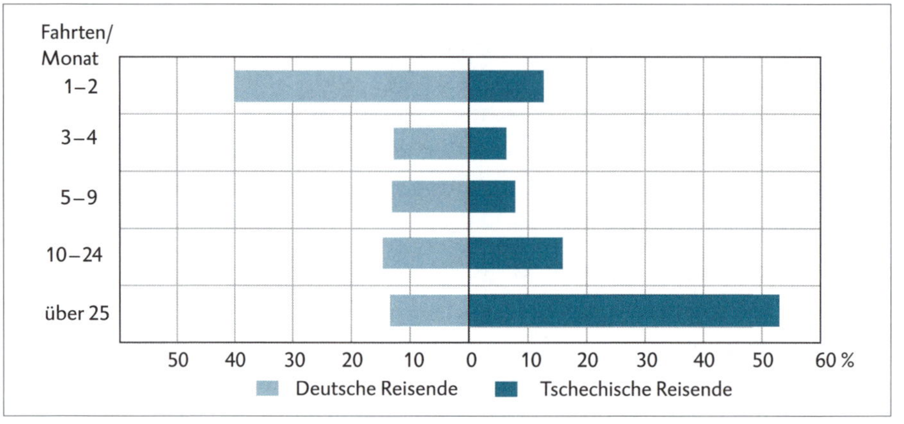

Große Probleme bereitet in der Euregio Egrensis der **Strukturwandel** auf dem Arbeitsmarkt. Während sowohl die sächsische und thüringische als auch die tschechische Region eine hohe Abnahme der Erwerbstätigen als Folge zahlreicher Betriebsstilllegungen aufweist, erscheint der Arbeitsmarkt im bayerischen Teil etwas günstiger. Alle Beteiligten erhoffen sich, dass der expandierende Dienstleistungssektor die Arbeitsplatzverluste im Primären und Sekundären Sektor ausgleicht, wobei dem Fremdenverkehr eine Schlüsselrolle zukommt.

Motive der Einreise über nordostbayerische Grenzübergänge

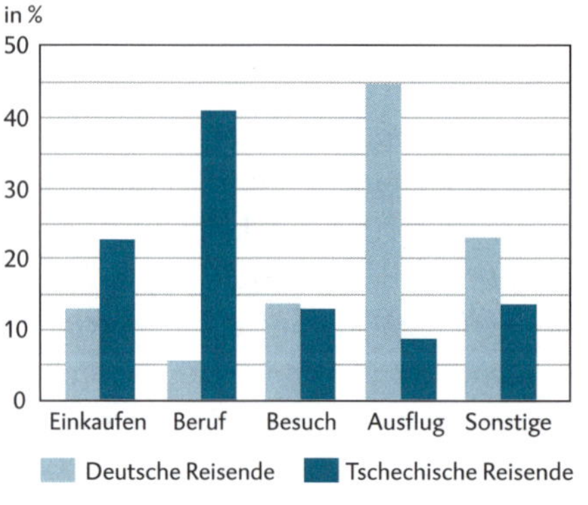

Die grenzüberschreitende Zusammenarbeit hat aber auch für die Bürger der Euregio viele Vorteile. So listete der Veranstaltungskalender im Sommer des Jahres 2000 116 grenzüberschreitende kulturelle und sportliche Veranstaltungen auf und seit 2000 wurde im Rahmen eines „Expo 2000“-Projekts ein öffentlicher Nahverkehrsverbund zwischen den Bundesländern Sachsen, Thüringen, Bayern sowie Westböhmen neu errichtet.

3 Perspektiven der EU-Erweiterung

Mit der Erweiterung der Europäischen Union von 15 auf 25 Mitgliedsstaaten am 1. Mai 2004, dem geplanten Beitritt Rumäniens und Bulgariens 2007 und wahrscheinlich weiterer Staaten sind Chancen und Probleme verbunden.

Chancen

Politische Perspektiven:
Durch die Erweiterung wird die historisch und kulturell seit Jahrhunderten bestehende Einheit Europas, die durch den Kalten Krieg und den Eisernen Vorhang unterbrochen war, wiederhergestellt. **Politische Stabilität** und Sicherheit, Menschenrechte und Minderheitenschutz werden auf weitere Teile Europas ausgedehnt, die jungen Demokratien in den östlichen Beitrittsländer unterstützt. Die Asyl- und Flüchtlingspolitik wird vereinheitlicht. Zudem wird das weltpolitische Gewicht der EU gestärkt.

Die Türkei wird voraussichtlich frühestens 2014 betreten. Weitere Beitrittskandidaten sind Kroatien und Mazedonien.

Wirtschaftliche Vorteile:
Die Beitrittsstaaten hoffen auf eine Verbesserung der Lebens- und Arbeitsbedingungen. Die steigende Importnachfrage, insbesondere nach Investitionsgütern, sorgt für **höheres Wirtschaftswachstum** in den bisherigen Mitgliedsstaaten durch steigende Exporte. Gleichzeitig wird das Wohlstandsgefälle durch die Integration in den gemeinsamen Markt sinken. Die Stellung der EU im globalen Wettbewerb wird gestärkt – zusätzliche Handelsmöglichkeiten ergeben sich mit Exporteuren und Importeuren aus Drittländern.

Chancen für den Umweltschutz und die Innere Sicherheit:
Durch die Erhöhung der Umweltstandards in den Beitrittsländern kann die grenzüberschreitende Wasser- und Luftverschmutzung eingedämmt werden, die Modernisierung der Produktionsbetriebe wird beschleunigt. Außerdem können organisierte und grenzüberschreitende Kriminalität , Drogen- und Menschenhandel, Terrorismus, Geldwäsche und Finanzkriminalität wirksamer bekämpft werden.

Probleme

Politische Herausforderungen:
2004 wuchs die EU von „heute auf morgen" von 15 auf 25 Staaten. Unter den Beitrittsländern waren viele Kleinstaaten – die meisten sozialistisch geprägt, was den **Integrationsprozess** erschweren kann. Die EU grenzt nun an die Westgrenze der Russischen Föderation, wodurch sich die Frage nach der endgültigen Ostausdehnung stellt. Ein Beitritt Russlands würde aber aufgrund der Größe des Landes die Architektur der EU sprengen.

Wirtschaftliche Perspektiven:
Durch die Erweiterung verringert sich das durchschnittliche BIP pro Kopf. Die Angleichung des Lebensstandards in den alten und neuen Mitgliedsstaaten dürfte mehrere Jahrzehnte dauern. Eine **Zuwanderung von Arbeitskräften** aus den neuen Mitgliedsstaaten kann außerdem zu Engpässen auf dem westeuropäischen Arbeitsmarkt führen. Mit Übergangsfristen in der Arbeitnehmerfreizügigkeit sollen soziale Spannungen in den Aufnahmeländern, aber auch der abrupte Wegzug qualifizierter Arbeitskräfte in den Beitrittsländern vermieden werden. Grenzregionen werden mit Strukturhilfen unterstützt, da dort mit einem verschärften **Konkurrenzdruck** zu rechnen ist. Die Abwanderung von Unternehmen in die „billigen" osteuropäischen Länder gibt es aber bereits seit den 80er-Jahren. Sie sind nicht nur eine Folge der EU-Erweiterung, sondern auch der Globalisierung.

Literatur

Naturräumliche Gegebenheiten

FRAEDRICH, W. (Hrsg.): Lernkartei III: Böden. In: gh H. 161, 1998, S. 21 ff.
FRANKENBERG, P.: Moderne Klimakunde. Braunschweig, 1991.
PETEREK, A./SCHWARZE, J.: Ruheloses Kreta. In: GR 4/2002, S. 4 ff.
RICHTER, M./LINGENHÖHL, D.: Landschaftsentwicklung auf den Äolischen Inseln. In: GR 4/2002, S. 14 ff.
SCHOLZ, H./OBST, K.: Einführung in die Geologie Skandinaviens. In: GR 2/2004, S. 43 ff.
WAGNER, J. /LIST, E. /EGGERS W.: Harms Erdkunde, Europa. München, 1973.
WIEDERSICH, B.: Das Wetter. Stuttgart, 1996.

Sozioökonomische Raumstrukturen

BRAUN, B.: Wirtschaftsstruktureller Wandel und regionale Entwicklung in Deutschland. In: GR 4/2004, S. 12 ff.
Europäische Kommission (Hrsg.): EUREK – Europäisches Raumentwicklungskonzept. Luxemburg, 1999.
GANS, P./OTT, T.: Binnenwanderungen in den Ländern der Europäischen Union. In: GR 6/2003, S. 20 ff.
SCHÄTZL, L.: Wirtschaftsgeographie der EG. Paderborn, 1993.

Die Europäische Landwirtschaft

BÄTZING, W. (Hrsg.): Landwirtschaft im Alpenraum – unverzichtbar, aber zukunftslos. Europäische Akademie, Bozen, o. J.
KLOHN, W. / WINDHORST, H.-W.: Die Landwirtschaft in Europa. Vechta, 1999.
ROTHER, K.: Der Mittelmeerraum. Stuttgart, 1993.
SAILER, U.: Landwirtschaft in Ungarn. In: GR 11/2001, S. 36 ff.
SCHLIMME, H.: Ländliches Polen. In: gh H. 178, 2000, S. 8 ff.

Industrielle Strukturen und ihr Wandel

FAUST, H.: Das Ruhrgebiet – Erneuerung einer europäischen Industrieregion. In: Europa regional, H. 7, 1999, S. 10 ff, Leipzig.
HEINEBERG, H.: Großbritannien. Länderprofile. Gotha, 1997.
KINDER, S.: Hightech-Regionen in Großbritannien. In: GR 1/2000, S. 50 ff.
KÜHNE, O.: Industrie in Mittelosteuropa. In: gh H. 214, 2003, S. 32 ff.

KULKE, E.: EU-Integration und Industrialisierung der europäischen Peripherie – das Beispiel Portugal. In: GS H. 97, 1995, S. 17 ff.
SCHRADER, M.: Industrieräumlicher Wandel in Europa. In: GS H. 97, 1995, S. 2 ff.

Stadtentwicklung in Europa

GANS, P.: Stadt und Umland: Entwicklungen, Probleme und Gestaltungsmöglichkeiten. In: GR 3/2005, S. 10 ff.
HEINEBERG, H.: Städte in Deutschland – zwischen Wachstum und Umbau. In: GR 9/2004, S. 40 ff.
LICHTENBERGER, E.: Stadtgeographie. Bd. 1, Stuttgart/Leipzig, [3]1998.
SCHERF, K./VIEHRIG, H.: Berlin und Brandenburg auf dem Weg in die gemeinsame Zukunft. Länderprofile. Stuttgart, 1995.
SCHULZ, M.: Das neue Zentrum von Berlin. In: GR 52, H. 7–8/2000, S. 27 ff.
VORAUER, K.: Samten, nicht sanft – die Transformation Prags. In: GR 10/1999, S. 535 ff.

Tourismus in Europa

BÄTZING, W.: Die Alpen, München, 1991.
BAUMHACKL, H.: Ostöffnung und Erweiterung: Österreichs Tourismus zwischen Konkurrenz und neuen Märkten. In: GR 9/2002, S. 34 ff.
BECKER, C.: Neue Tendenzen bei der Errichtung touristischer Großprojekte in Deutschland. In: GR H. 2/2000, S. 28 ff.
HAVERSATH, J.: Griechische Inseln. In: GR 4/2002, S. 34 ff.
KULINAT, K.: Fremdenverkehr in den Mittelmeerländern. In: GR H. 7–8/1999, S. 430 ff.
SCHMITT, T.: Tourismus und Landschaftsschutz auf Mallorca. In: GR H. 7–8/1993, S. 459 ff.
WEINGARTNER, H.: Thasos – touristisches Potenzial einer griechischen Insel. In: GR 7–8/2004, S. 30 ff.

Verkehrsraum Europa

BÄTZING, W.: Verkehr in den Alpen – mehr als nur Transitverkehr. In: PG H. 2, 1998, S. 30–33.
BIRKENFELD, H.: Wider dem Verkehrsinfarkt. Der alpine Verkehr auf dem Prüfstand. In: gh H. 203, 2002, S. 26 ff.
EXLER, M.: Containerverkehr – Subsystem der Weltwirtschaft. In: GR H. 12/1997, S. 743–746.
JUCHELKA, R.: Höchste Eisenbahn. Hochgeschwindigkeitsverkehr in Europa. In: gh H. 127, 1995, S. 8–13.

NUHN, H.: Seehäfen als Gateways im zusammenwachsenden Europa. In: Europa regional, H. 4, 1996, S. 20–31, Leipzig.
WOLKOWITSCH, M.: Der TGV im Bahnnetz Europas. In: GR H. 2/1999, S. 103 ff.

Europäische Integration und grenzüberschreitende Zusammenarbeit

GRIMM, F.-D.: Diskrepanzen und Verbundenheiten zwischen deutschen, polnischen und tschechischen Grenzregionen an der Lausitzer Neiße. In: Europa regional, H. 4/96, S. 1–14, Leipzig.
HAUBRICH, H.: EU-Erweiterung. In: gh H. 214, 2003, S. 2 ff.
JURCZEK, P. (Hrsg.): Datenatlas für das Gebiet der Euregio Egrensis. In: Beiträge zur Kommunal- und Regionalentwicklung. H. 33/98, Chemnitz.
RUPPERT, H.: Strukturwandel in Tschechien. In: gh H. 130/95, S. 28–33.
SCHÖN, K.: Die Wirtschaft in der EU-27. In: gh H. 214, 2003, S. 27 ff.
STRYJAKIEWIC, T.: Euroregionen an Polens Westgrenze. In: GS H. 103/1996, S. 35–42.

Abkürzungen für Zeitschriften:

gh:	geographie heute, Seelze	GS:	Geographie und Schule, Köln
GR:	Geographische Rundschau, Braunschweig	PG:	Praxis Geographie, Braunschweig

Stichwortverzeichnis

Abbildungsnachweis

Umschlagbild: © Fotoagentur Becker & Bredel GbR; Süddeutscher Verlag, Bilderdienst.

S. 1 f.: Harms Handbuch der Geographie, Europa, München 1978, S. 10, 19.

S. 4: Rother, K./Tichy, F.: Italien, Darmstadt 2000, S. 26.

S. 6: © Patrick Loertscher, Heiden/CH. In: Loertscher, P.: Natur Europa. Verlag Styria, Graz u. a. 1999, S. 158.

S. 10: Harms Handbuch der Geographie, Europa, München 1978, S. 26.

S. 13 ff.: Harms Handbuch der Geographie, Europa, München 1978, S. 30, 31.

S. 16 ff.: nach Scheffer, F. et al.: Lehrbuch der Bodenkunde. Stuttgart ^{13}1992, S. 407 ff.

S. 25 ff.: nach Eurostat: Statistisches Jahrbuch der Regionen 2005, S. 42 ff. © Europäische Gemeinschaften 1995–2005.

S. 29: Schätzl, L.: Wirtschaftsgeographie der Europäischen Gemeinschaft. Verlag Schöningh, Paderborn 1993, UTB 1767, S. 28.

S. 40: nach Mertins, G.: Regionale Bevölkerungsentwicklung in Spanien seit 1950. In: GR 38/86, H. 1, S. 45 ff.

S. 43: © Hartmut Wendt, Nürnberg. In: GR 3/94, S. 138.

S. 50: nach Klohn W./Windhorst, H.-W.: Die Landwirtschaft in Europa. Vechtaer Materialien zum Geographieunterricht, H. 7, ISPA, Vechta 1999, S. 23.

S. 51: nach Deutscher Bauernverband, © Situationsbericht–G022

S. 56: © Peter Hensch, Rheinbach-Flerzheim.

S. 58: Klohn W./Windhorst, H.-W.: Das agrarische Intensivgebiet Südoldenburg. Vechtaer Materialien zum Geographieunterricht, H. 2, ISPA, Vechta 1998, S. 94.

S. 61: © Stiftung Ökologie & Landbau, Bad Dürkheim.

S. 64: © Gesellschaft f. ökologische Forschung, München. In: Hamberger, S. et al.: Schöne neue Alpen. Raben Verlag, München 1998, S. 52.

S. 66: Rother, K./Tichy, F.: Italien, Darmstadt 2000, S. 226.

S. 67: © Toni Breuer, Geographisches Inst., Universität Regensburg. In: Praxis Geographie, 4/87, S. 20.

S. 68: Rother, K./Tichy, F.: Italien, Darmstadt 2000, S. 221.

S. 77: obere Abb.: © J. Bähr, Geographisches Institut, Ch.-A.-Universität Kiel.

S. 77: untere Abb.: © Andreas Fritzsche, Lehrstuhl f. Raumforschung, Raumplanung und Landesplanung an der TU München; Daten: Statistisches Bundesamt, Bonn.

S. 81: nach Faust, H.: Das Ruhrgebiet: Erneuerung einer europäischen Industrieregion. In: Europa regional. H. 7/99, S. 10 ff.

S. 82: © Benito Barajas, Dortmund.

S. 84 f.: Heineberg, H.: Großbritannien, Perthes Länderprofile Gotha, 1997, S. 185, 203.

S. 86: © Sebastian Kinder, University of Oxford.

S. 90 ff.: © Wilfried Büttner.

S. 93: nach Die Welt vom 22. 3. 2001, S. 11.

S. 95: nach Süddeutsche Zeitung vom 26. 4. 2000, S. 7, aktualisiert.

S. 99: © Verkehrsamt Regensburg.

S. 101: © Alfred Pletsch, Institut für Geographie, Philipps-Universität, Marburg a. d. Lahn.

S. 102: © Hans Dieter Raab.

S. 103: © Elisabeth Lichtenberger, Inst. f. Geographie und Regionalforschung, Universität Wien. In: Lichtenberger, E.: Stadtgeographie. Stuttgart/Leipzig ^{3}1998, S. 214.

S. 105: © Elisabeth Lichtenberger, Inst. f. Geographie und Regionalforschung, Universität Wien. In: Lichtenberger, E.: Stadtgeographie. Stuttgart/Leipzig ^{3}1998, S. 107.

S. 107: © Transglobe Agency, Hamburg/Jost Schilgen, Berlin.

S. 109: nach Hofmeister, B.: Bundesrepublik Deutschland und Berlin. Wissenschaftliche Buchgesellschaft, Darmstadt ^{2}1990, S. 144.

S. 110: © Stadträumliches Konzept für die Entwicklung Berlins zum Dienstleistungszentrum, Senatsverwaltung für Stadtentwicklung und Umweltschutz Berlin, 1992.

S. 111: © Matthias Burkard.

S. 112: © Raumordnungsbericht Berlin und Brandenburg, Senatsverwaltung für Stadtentwicklung, Umweltschutz und Technologie Berlin, Ministerium für Umwelt, Naturschutz und Raumordnung des Landes Brandenburg, 1998.

S. 114: Pletsch, A.: Frankreich. Wissenschaftliche Länderkunden. Wissenschaftliche Buchgesellschaft, Darmstadt, 1997, S. 131.

S. 115: © Institut für Länderkunde, Leipzig. In: Europa Regional 2/98, S. 32.

S. 116: Bessy, P.: Paris, un puzzle social. Regards sur l'Ile-de-France 1, 1988, S. 6–14. In: Pletsch, A.: Frankreich. Wissenschaftl. Buchgesellschaft, Darmstadt 1997, S. 132.

S. 117: © Elisabeth Lichtenberger, Inst. f. Geographie und Regionalforschung, Universität Wien. In: Lichtenberger, E.: Stadtgeographie. Stuttgart/Leipzig ^{3}1998, S. 110.

S. 120: © Elisabeth Lichtenberger, Inst. f. Geographie und Regionalforschung, Universität Wien. In: Lichtenberger, E.: Stadtgeographie. Stuttgart/Leipzig ^{3}1998, S. 206.

S. 121: © Wilfried Bauer/MERIAN, Hamburg.

S. 129: © Klaus Bossemeyer/MERIAN, Hamburg.

S. 132 ff.: © Gesellschaft f. ökologische Forschung, München. In: Hamberger, S. et al.: Schöne neue Alpen. Raben Verlag, München 1998, S. 35, 67, 82, 97.

S. 137: © DPA.

S. 138: © SPIEGEL-Verlag, Hamburg. In: SPIEGEL SPEZIAL 1/92, S. 51, aktualisiert.

S. 139: © Globus Infografik, Hamburg.

S. 141: © SPIEGEL-Verlag, Hamburg. In: SPIEGEL 8/91, S. 79.

S. 142: © geographie heute, Friedrich Verlag, Seelze 2001; Kartographie: T. Formizcenko-Beyer. In: geographie heute 189/01, S. 32.

S. 144: © Globus Infografik, Hamburg.

S. 146: Foto: © Gesellschaft f. ökologische Forschung, München. In: Hamberger, S. et al.: Schöne neue Alpen. Raben Verlag, München 1998, S. 72.

S. 146 f.: Abb. unten und nächste Seite: © CIPRA-International, Schaan/Liechtenstein.

S. 148: nach Gsteiger, F.: Dicke Luft in den Alpen. In: DIE ZEIT, Nr. 8 v. 18. 2. 94; Abb. unten: nach Generalsekretariat UVEK (Dienst f. Gesamtverkehrsfragen), Bern 1999, aktualisiert.

S. 150: nach Schweizer Eisenbahn-Revue 10/193, S. 2.

S. 151: © Hafen Hamburg Marketing e. V., www.hafen-hamburg.de.

S. 152: © Markus Exler, Universität Nürnberg. In: GR 12/97, S. 745.

S. 153: nach Containerisation International Yearbook 1982, 1992.

S. 157: Bundesministerium für Ernährung, Landwirtschaft und Forsten (Hrsg.): Landwirtschaft/Forstwirtschaft in Deutschland, Bonn 2000, S. 43.

S. 164: © Institut für Länderkunde, Leipzig. In: Europa Regional 1/96, S. 10.

S. 165: © Geographisch-Ethnologische Gesellschaft Basel.

S. 167: © Eberhard Schallhorn, Bretten. In: Praxis Geographie, 10/97, S. 29.

S. 168: © Institut für Länderkunde, Leipzig. In: Europa Regional 2/94, S. 3.

S. 171: Lindner, P.: Grenzüberschreitende Raumplanung in Europa am Beispiel der deutsch-polnischen Euregion Pomerania. In: Geographie und Schule, H. 117/99, Aulis Verlag Deubner & Co. KG, Köln, S. 30–32.

S. 172: © Euregio Egrensis, Marktredwitz.

S. 174: Ruppert, H.: Strukturwandel in Tschechien. In: geographie heute, H. 130/95, Friedrich Verlag, Seelze 2001, S. 28 ff.

Ihre Meinung ist uns wichtig!

Ihre Anregungen sind uns immer willkommen. Bitte informieren Sie uns mit diesem Schein über Ihre Verbesserungsvorschläge!

Titel-Nr.	Seite	Vorschlag

Bitte hier abtrennen

Zutreffendes bitte ankreuzen!

Die Absenderin/der Absender ist:

- ☐ Lehrer/in in den Klassenstufen: ______
- ☐ Fachbetreuer/in
  Fächer: ______
- ☐ Seminarlehrer/in
  Fächer: ______
- ☐ Regierungsfachberater/in
  Fächer: ______
- ☐ Oberstufenbetreuer/in
- ☐ Schulleiter/in
- ☐ Referendar/in, Termin 2. Staatsexamen: ______
- ☐ Leiter/in Lehrerbibliothek
- ☐ Leiter/in Schülerbibliothek
- ☐ Sekretariat
- ☐ Eltern
- ☐ Schüler/in, Klasse: ______
- ☐ Sonstiges: ______

Unterrichtsfächer: **(Bei Lehrkräften!)**

______

STARK Verlag
Postfach 1852
85318 Freising

16-V1T

Bitte ausfüllen und im frankierten Umschlag an uns einsenden. Für Fensterkuverts geeignet.

Kennen Sie Ihre Kundennummer?
Bitte hier eintragen.

Absender **(Bitte in Druckbuchstaben!)**

Name/Vorname

Straße/Nr.

PLZ/Ort

Telefon privat | **Geburtsjahr**

E-Mail-Adresse

Schule/Schulstempel **(Bitte immer angeben!)**

Bitte hier abtrennen

(Bitte blättern Sie um)

Wirtschaft/Recht

Betriebswirtschaft ... Best.-Nr. 94851
Abitur-Wissen Volkswirtschaft ... Best.-Nr. 94881
Abitur-Wissen Rechtslehre ... Best.-Nr. 94882
Kompakt-Wissen Abitur Volkswirtschaft ... Best.-Nr. 948501

Erdkunde

Training Methoden Erdkunde ... Best.-Nr. 94901
Erdkunde Relief- und Hydrosphäre · Wirtschaftsprozesse und -strukturen · Verstädterung – Baden-W. ... Best.-Nr. 84901
Erdkunde Relief- und Hydrosphäre · Wirtschaftsprozesse und -strukturen · Verstädterung ... Best.-Nr. 84901A
Abitur-Wissen GUS-Staaten/Russland ... Best.-Nr. 94908
Abitur-Wissen Entwicklungsländer ... Best.-Nr. 94902
Abitur-Wissen USA ... Best.-Nr. 94903
Abitur-Wissen Europa ... Best.-Nr. 94905
Abitur-Wissen Asiatisch-pazifischer Raum ... Best.-Nr. 94906
Kompakt-Wissen Abitur Erdkunde Allgemeine Geografie · Regionale Geografie ... Best.-Nr. 949010
Lexikon Erdkunde ... Best.-Nr. 94904

Deutsch

Training Methoden Deutsch ... Best.-Nr. 944062
Dramen analysieren und interpretieren ... Best.-Nr. 944092
Erörtern und Sachtexte analysieren ... Best.-Nr. 944094
Gedichte analysieren und interpretieren ... Best.-Nr. 944091
Epische Texte analysieren und interpretieren ... Best.-Nr. 944093
Übertritt in die Oberstufe ... Best.-Nr. 90409
Abitur-Wissen Erörtern und Sachtexte analysieren ... Best.-Nr. 944064
Abitur-Wissen Textinterpretation ... Best.-Nr. 944061
Abitur-Wissen Deutsche Literaturgeschichte ... Best.-Nr. 94405
Abitur-Wissen Prüfungswissen Oberstufe ... Best.-Nr. 94400
Kompakt-Wissen Rechtschreibung ... Best.-Nr. 944065
Lexikon Autoren und Werke ... Best.-Nr. 944081

Englisch

Übersetzungsübung ... Best.-Nr. 82454
Grammatikübung ... Best.-Nr. 82452
Themenwortschatz ... Best.-Nr. 82451
Grundlagen der Textarbeit ... Best.-Nr. 94464
Sprachmittlung ... Best.-Nr. 94469
Textaufgaben Literarische Texte und Sachtexte Baden-Württemberg ... Best.-Nr. 84468
Textaufgaben Literarische Texte und Sachtexte ... Best.-Nr. 94468
Grundfertigkeiten des Schreibens ... Best.-Nr. 94466
Sprechfertigkeit mit CD ... Best.-Nr. 94467
Englisch – Übertritt in die Oberstufe ... Best.-Nr. 82453
Abitur-Wissen Landeskunde Großbritannien ... Best.-Nr. 94461
Abitur-Wissen Landeskunde USA ... Best.-Nr. 94463
Abitur-Wissen Literaturgeschichte ... Best.-Nr. 94465
Kompakt-Wissen Abitur Themenwortschatz ... Best.-Nr. 90462
Kompakt-Wissen Kurzgrammatik ... Best.-Nr. 90461

Pädagogik / Psychologie

Grundwissen Pädagogik ... Best.-Nr. 92480
Grundwissen Psychologie ... Best.-Nr. 92481

Latein

Abitur-Wissen Lateinische Literaturgeschichte ... Best.-Nr. 94602
Wiederholung Grammatik ... Best.-Nr. 94601
Wortkunde ... Best.-Nr. 94603
Kompakt-Wissen Kurzgrammatik ... Best.-Nr. 906011

Französisch

Landeskunde Frankreich ... Best.-Nr. 94501
Themenwortschatz ... Best.-Nr. 94503
Literatur ... Best.-Nr. 94502
Abitur-Wissen Literaturgeschichte ... Best.-Nr. 94506
Kompakt-Wissen Abitur Themenwortschatz ... Best.-Nr. 945010
Kompakt-Wissen Kurzgrammatik ... Best.-Nr. 945011

Religion

Katholische Religion 1 (gk) ... Best.-Nr. 84991
Katholische Religion 2 (gk) ... Best.-Nr. 84992
Abitur-Wissen gk ev. Religion Der Mensch zwischen Gott und Welt ... Best.-Nr. 94973
Abitur-Wissen gk ev. Religion Die Verantwortung des Christen in der Welt ... Best.-Nr. 94974
Abitur-Wissen Glaube und Naturwissenschaft ... Best.-Nr. 94977
Abitur-Wissen Jesus Christus ... Best.-Nr. 94978
Abitur-Wissen Die Frage nach dem Menschen ... Best.-Nr. 94990
Abitur-Wissen Die Bibel ... Best.-Nr. 94992
Abitur-Wissen Christliche Ethik ... Best.-Nr. 94993
Lexikon Ethik und Religion ... Best.-Nr. 94959

Ethik

Ethische Positionen in historischer Entwicklung (gk) ... Best.-Nr. 94951
Abitur-Wissen Philosophische Ethik ... Best.-Nr. 94952
Abitur-Wissen Glück und Sinnerfüllung ... Best.-Nr. 94953
Abitur-Wissen Freiheit und Determination ... Best.-Nr. 94954
Abitur-Wissen Recht und Gerechtigkeit ... Best.-Nr. 94955
Abitur-Wissen Religion und Weltanschauungen ... Best.-Nr. 94956
Abitur-Wissen Wissenschaft – Technik – Verantwortung ... Best.-Nr. 94957
Abitur-Wissen Politische Ethik ... Best.-Nr. 94958
Lexikon Ethik und Religion ... Best.-Nr. 94959

Sport

Bewegungslehre (LK) ... Best.-Nr. 94981
Trainingslehre (LK) ... Best.-Nr. 94982

Kunst

Abitur-Wissen Kunst 1 Grundwissen Malerei ... Best.-Nr. 94961
Abitur-Wissen Kunst 2 Analyse und Interpretation Best.-Nr. 94962

Fachübergreifend

Richtig Lernen Tipps und Lernstrategien – Oberstufe ... Best.-Nr. 10483
Referate und Facharbeiten – Oberstufe ... Best.-Nr. 10484
Training Methoden Meinungen äußern, Ergebnisse präsentieren ... Best.-Nr. 10486

Bestellungen bitte direkt an: STARK Verlagsgesellschaft mbH & Co. KG
Postfach 1852 · 85318 Freising · Tel: 08161 / 179-0 · FAX: 08161 / 179-51
Internet: www.stark-verlag.de · E-Mail: info@stark-verlag.de

STARK

16-VIT